NATUR UND TIERE

Mein großes Wissensbuch

Teil 1

Inhalt

Teil 1: Natur und Tiere

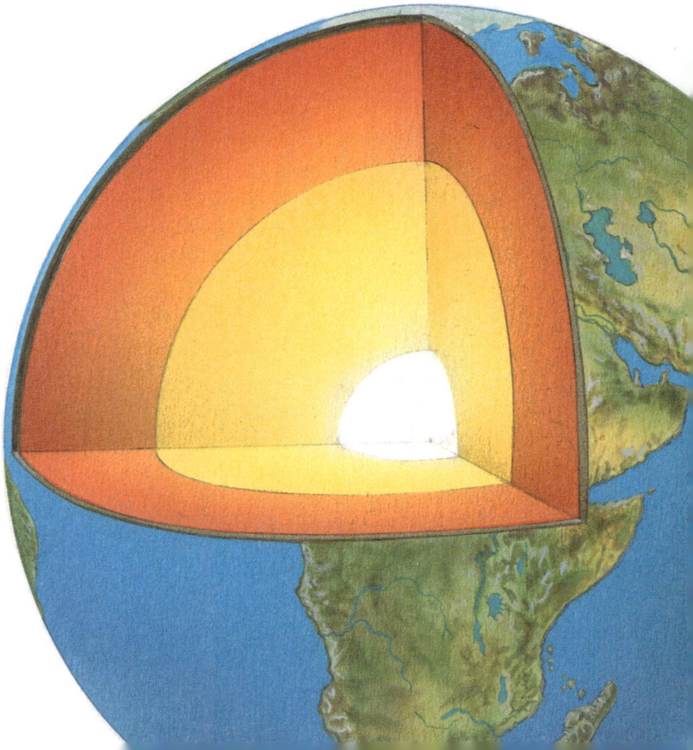

Unsere Erde

Inhalt

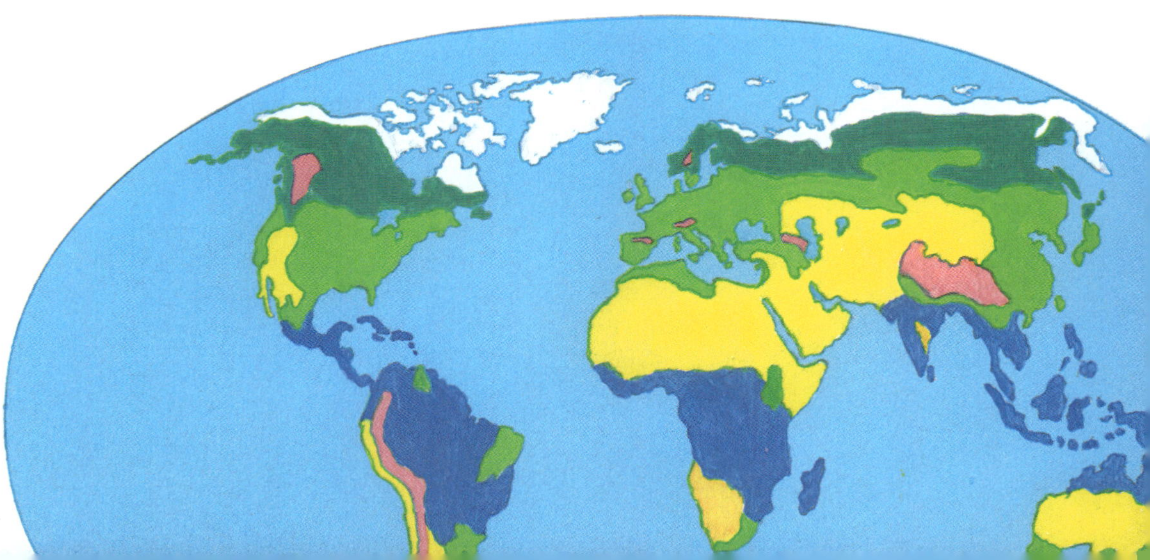

Die Sonne und ihre Planeten

Die Erde ist einer von acht Planeten, die um die Sonne kreisen. Sie bilden zusammen mit Asteroiden und Kometen das Sonnensystem.
Die Sonne steht in der Mitte des Sonnensystems und die Planeten umkreisen sie auf ihren Umlaufbahnen. Die Erde ist der einzige Planet unseres Sonnensystems, auf dem es Leben gibt.

Erde und Sonne

Die Erde dreht sich nicht nur um sich selbst, sondern auch in einer Kreisbahn um die Sonne. Für diesen Umlauf benötigt sie 365 Tage. Das ist ein Jahr.

Die Erde und das Weltall

Anna hat Geburtstag. Ihre Mutter nimmt sie zu einer Überraschungsfahrt mit. „Heute schenke ich dir einen ganzen Sternhimmel!“, sagt die Mutter. Sie halten vor einem Gebäude mit einer Kuppel. Das ist ein Planetarium. Dort kann man in der halbrunden Kuppel Bilder vom Sternhimmel betrachten. Anna und ihre Mutter nehmen Platz. Das Licht geht aus. Plötzlich tauchen ganz viele Sterne am Kuppelhimmel auf. Eine Stimme erzählt, dass es im Universum Milliarden von Sternen gibt. Anhäufungen von vielen hunderttausend Sternen nennt man „Galaxien“.

Unsere Sonne und die sie umkreisenden Planeten befinden sich in der äußeren Zone der „Milchstraße“. Sie ist nur eine von 100 Milliarden Galaxien.

Warum gibt es Jahreszeiten?

Die Erde kreist um eine gedachte Linie zwischen Nord- und Südpol. Durch die Schrägstellung der Erdachse zeigt der Nordpol etwa ein halbes Jahr zur Sonne, ein weiteres halbes Jahr der Südpol. Auf der sonnenzugewandten Seite der Erde herrscht Sommer. Auf der sonnenabgewandten Südhalbkugel ist in dieser Zeit Winter.

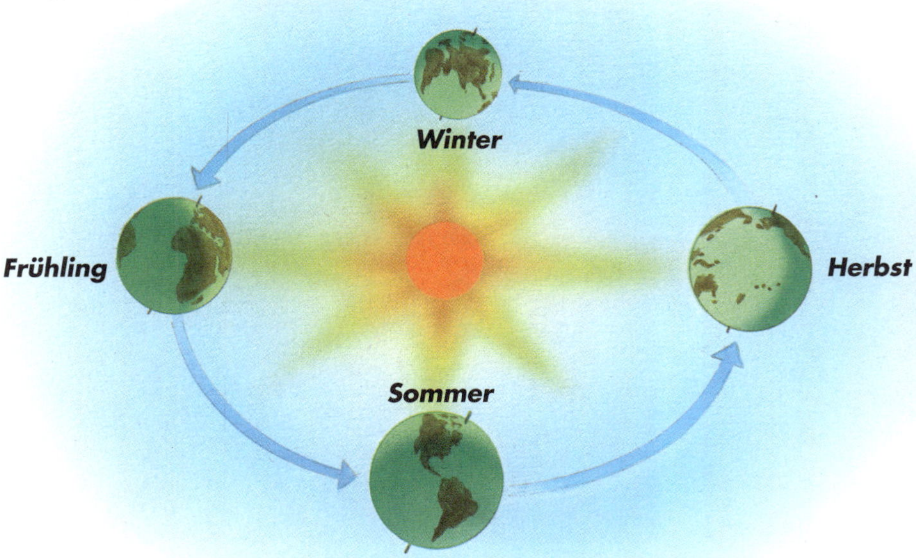

Am 21. März beginnt bei uns der Frühling. Sommeranfang ist am 21. Juni.

Am 22./23. September beginnt der Herbst. Ab 21. Dezember ist Winter.

Innerhalb von 24 Stunden dreht sich die Erde einmal um ihre Achse. Diese Drehung verursacht den Wechsel zwischen Tag und Nacht. Auf der Seite der Erde, die der Sonne zugewandt ist, herrscht Tag. Auf der anderen Seite ist Nacht.

Innerhalb von 29,5 Tagen umkreist der Mond die Erde einmal. Dieser Zeitraum entspricht etwa einem Monat.

1. Vor etwa 15 Milliarden Jahren gab es eine gewaltige Explosion, den Urknall. Gase bildeten sich, aus denen sich im Laufe von Jahrmillionen Galaxien, Sterne und das Universum bildeten, wie wir es heute kennen.

2. Unsere Sonne entstand 10 Milliarden Jahre nach dem Urknall aus einer Gas- und Staubwolke. Die festen Bestandteile der Wolke ballten sich zusammen und bildeten die Sonne und andere Planeten. Vor 4,6 Milliarden Jahren entstand die Erde.

3. Immer wieder wurde die Urerde von Kometen und Meteoriten getroffen. Dadurch erhitzte sie sich. Nur eine dünne Schicht an der Erdoberfläche kühlte ab und erstarrte.

4. Heiße Gesteinsströme durchbrachen den dünnen Erdmantel. Gase gelangten an die Oberfläche und bildeten die mit Sauerstoff und Stickstoff angereicherte Atmosphäre.

Die Entstehung der Erde

Am liebsten würde Anna mit einem Raumschiff durch das Weltall in fremde Galaxien reisen. Bestimmt würde sie irgendwo auf außerirdisches Leben stoßen. „Wie sind die Planeten eigentlich entstanden?“, fragt Anna die Mutter. In einem Film, der im Planetarium gezeigt wird, erfährt sie dann, dass das Weltall durch den „Urknall“ entstanden sein soll und sich dadurch auch die Planeten gebildet haben.

Wenn du die Entstehung des Weltalls mit einem Tag vergleichst, dann fand um 0.00 Uhr der Urknall statt, unsere Erde entstand etwa um 17.00 Uhr und erst eine Minute vor Ende des Tages gab es die ersten Menschen.

5. Aus den Vulkanschloten stiegen auch Wasserdampf und andere Gase auf. Sie ballten sich zu Wolken zusammen, aus denen jahrtausendelang Regen fiel. Der Regen kühlte die Erdkruste ab und sammelte sich in Vertiefungen und Tälern der Urlandschaft. Das Urmeer entstand. Darin entwickelte sich vor 4 Milliarden Jahren das erste Leben.

Meteoriten sind Gesteinsbrocken, die durch das Weltall treiben und auf andere Planeten stürzen können. Vor 25 000 Jahren fiel ein nur 30 Meter großer Meteorit auf die Wüste von Arizona und schlug einen 180 Meter tiefen und 1200 Meter großen Krater in die Erde!

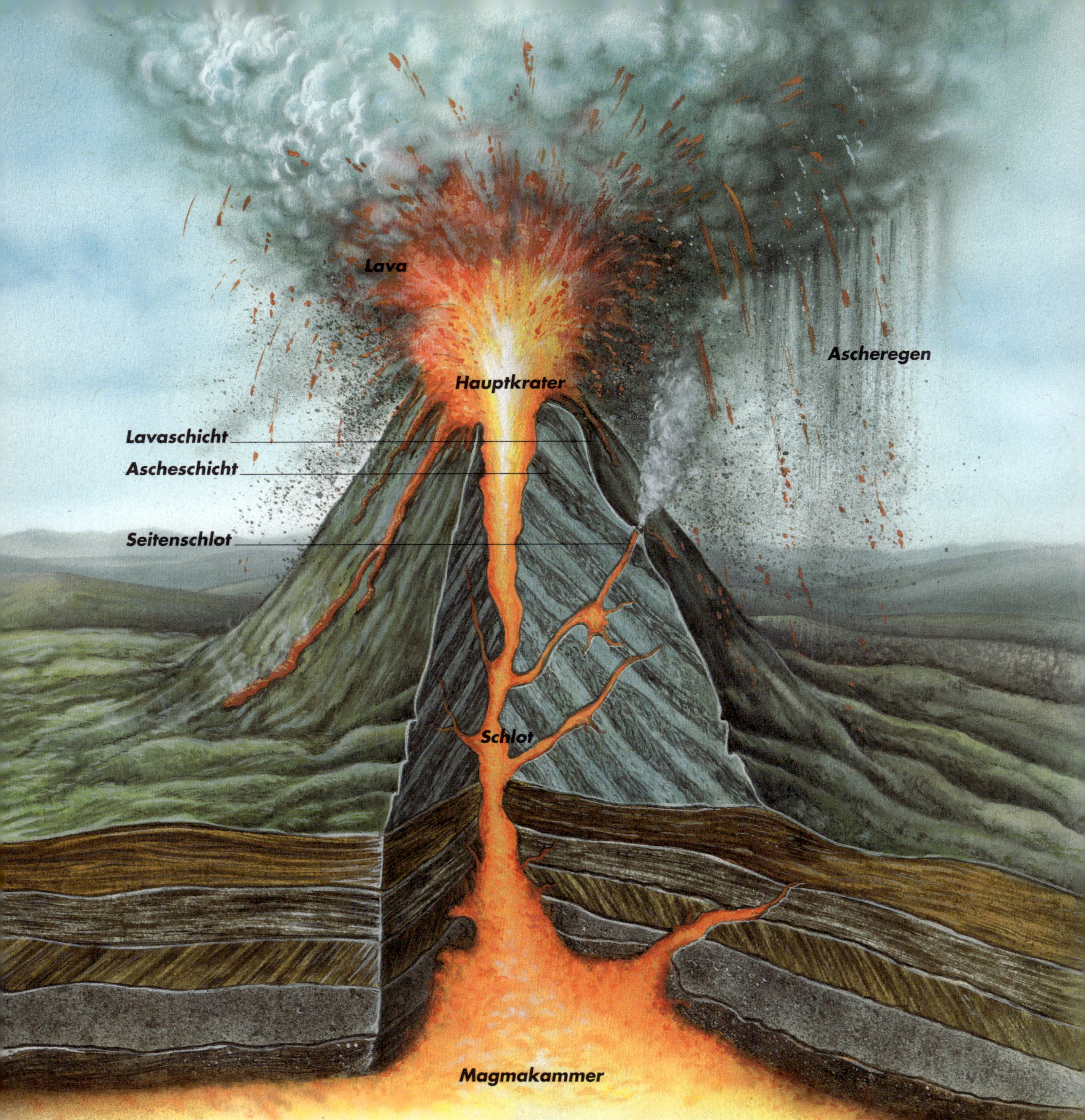

Tief im Erdinneren ist es so heiß, dass an manchen Stellen das Gestein schmilzt und sich als Magma in Magmakammern sammelt. Die Gase des Magmas drücken das glühende Gestein durch Spalten in der Erdkruste nach oben. Trifft es dort auf eine Schwachstelle, durchbricht es die Erdoberfläche und wird hinausgeschleudert. Magma, das an die Erdoberfläche tritt, nennt man Lava. Ein Vulkan ist entstanden. Vulkane können im Laufe der Zeit erlöschen.

Das Erdinnere

„Seit wir im Planetarium waren, kommt mir die Erde wie ein Karussell vor“, sagt Anna auf der Heimfahrt. Die Mutter lacht und möchte wissen warum. „Obwohl sich die Erde dreht, fallen wir nicht herunter. Nur gut, dass wir festen Boden unter den Füßen haben!“, meint Anna. „So fest ist der Boden unter unseren Füßen gar nicht“, sagt die Mutter. „Siehst du die grünen Hügel neben uns? Das sind alte erloschene Vulkane. Früher haben sie Feuer und Asche gespuckt – und das kam aus dem flüssigen Erdinnern. Wir leben nämlich nur auf einer dünnen Erdkruste, die immer wieder aufbrechen kann!“

Auf der Erde gibt es etwa 850 aktive Vulkane, von denen sich viele unter Wasser befinden. Vulkane erlöschen, wenn kein Magma mehr vorhanden ist. Der Schlot wird durch erstarrte Lava wie mit einem Pfropfen verschlossen. Manchmal erwachen erloschen geglaubte Vulkane auch wieder zum Leben.

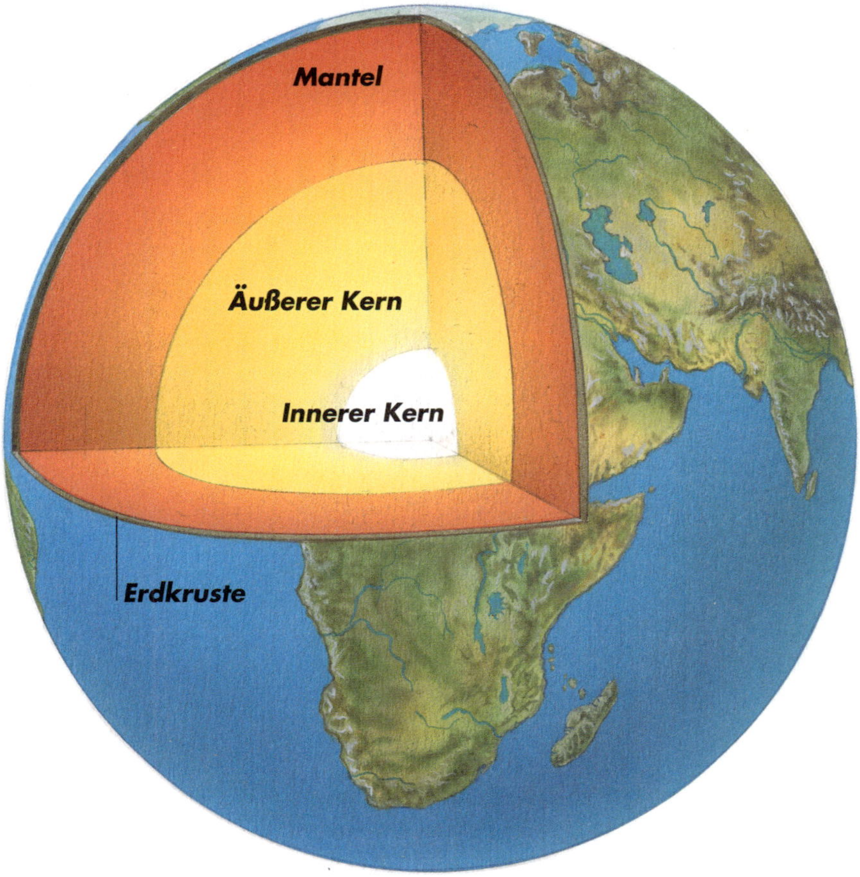

Die Schichten der Erde

Die Erde hat drei Hauptschichten: Kruste, Mantel und Kern. Die Erdkruste ist bis zu 10 Kilometer dick. Der Erdmantel ist 2900 Kilometer dick und besteht aus zähflüssigem Gestein. Der Kern in der Mitte der Erde besteht aus Metall. Er hat eine flüssige Außenschicht (2000 Kilometer dick) und einen festen inneren Kern (2700 Kilometer Durchmesser).

Wie Gebirge entstehen

Wenn zwei Kontintalplatten aufeinander treffen, falten sich an ihren Rändern Gebirge auf. Über 10 Millionen Jahre sind nötig, bis sich das Gestein zu einem Gebirge wie die Alpen auftürmt.

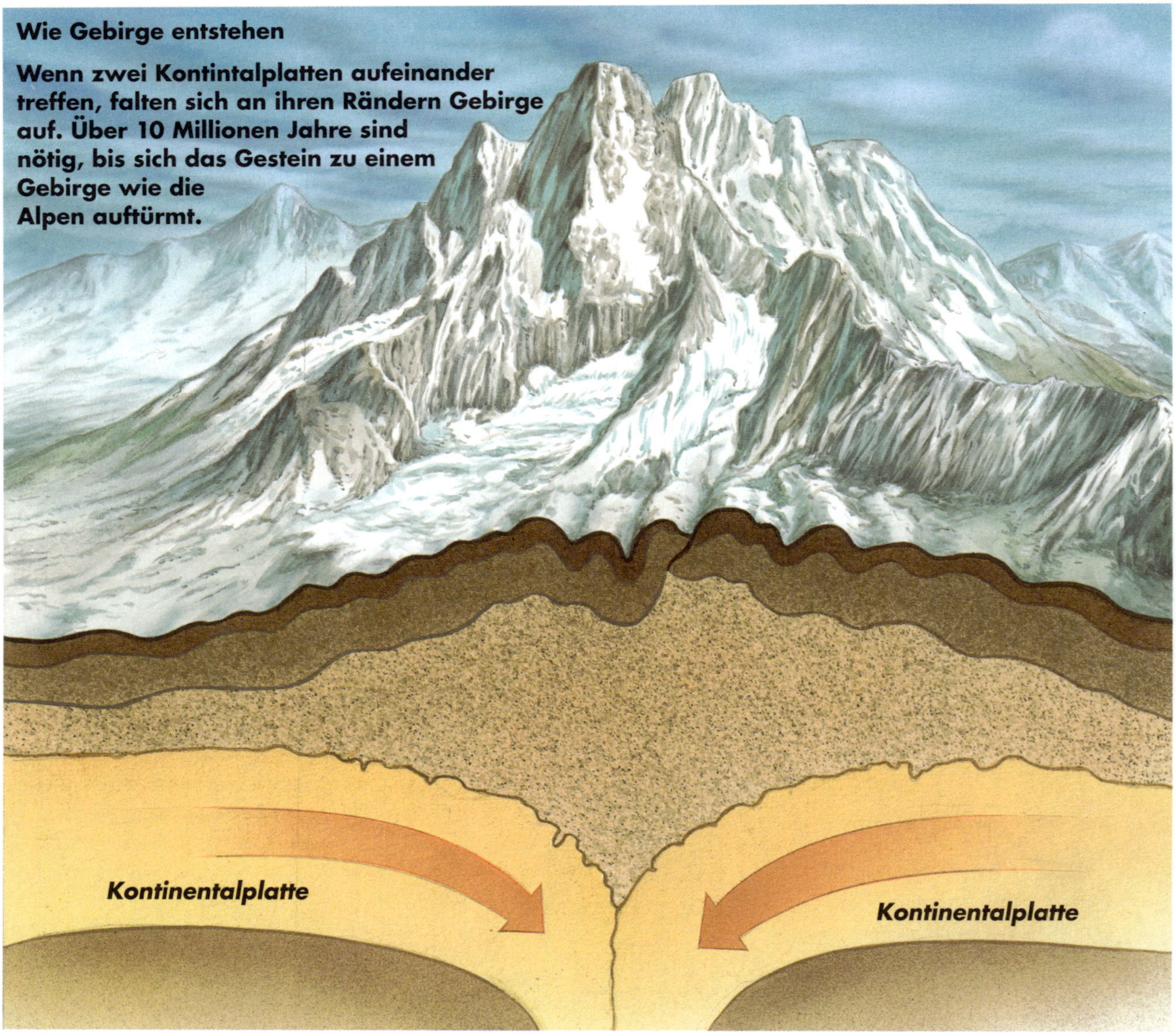

Durch die Kraft des Zusammenstoßes von Indien und dem asiatischen Festland faltete sich das höchste Gebirge unserer Erde auf – der Himalaja. Dabei wurden die Plattenränder zusammengedrückt. Der Mount Everest ist mit 8848 Metern der höchste Berg.

Wie Gebirge wachsen

Am nächsten Wochenende unternehmen Anna und ihre Mutter eine Wanderung in den Bergen. Annas Mutter ist Erdkundelehrerin und verbringt ihre freie Zeit am liebsten in der Natur. Anna begleitet sie gern, aber Bergsteigen findet sie anstrengend. „Wenn ich bloß wüsste, wer den Berg aufgetürmt hat!“, schimpft sie, als sie einen steilen Anstieg vor sich haben. Die Mutter lacht und sagt: „Warte nur, bis du die schöne Aussicht genießen kannst.“

Vor etwa 325 Millionen Jahren bildete sich auf der Erde eine einzige zusammenhängende Landmasse – der Urkontinent Pangäa.

Vor etwa 200 Millionen Jahren zerfiel der Urkontinent in die beiden Erdteile Laurasia und Gondwana. Auch diese Erdteile zerfielen und bildeten die heutigen Kontinente.

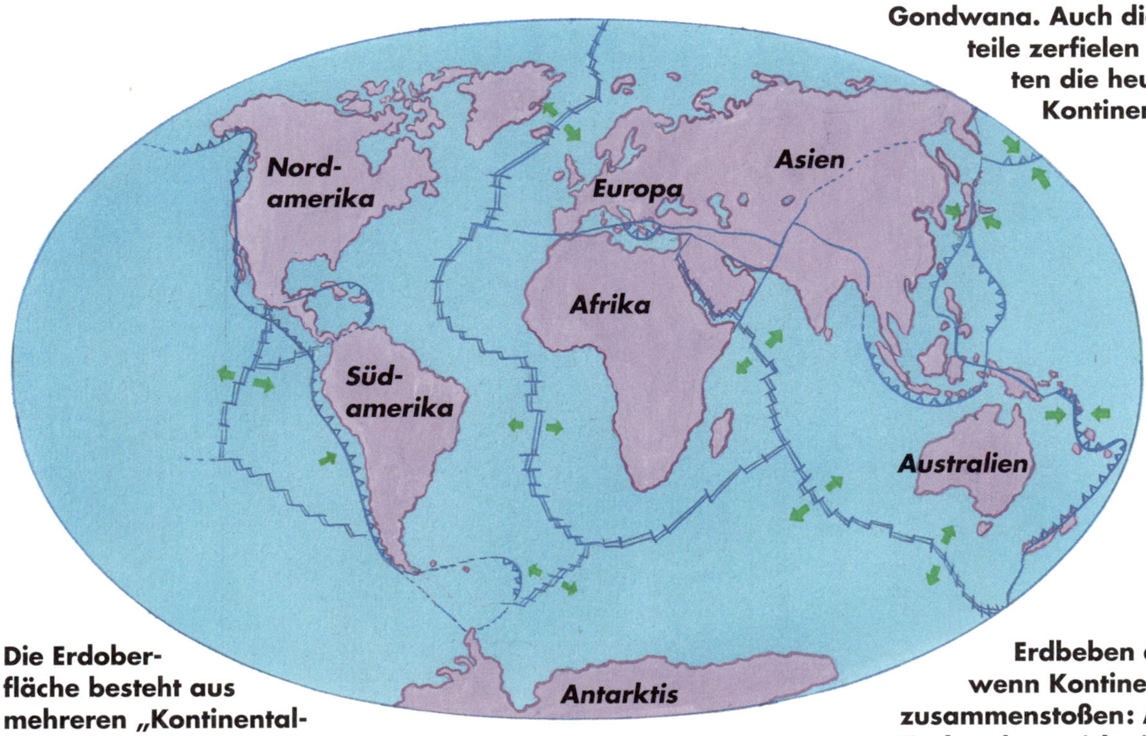

Die Erdoberfläche besteht aus mehreren „Kontinentalplatten“. Sie tragen die Erdteile und die Ozeane. Die Platten verschieben sich: Sie schwimmen wie Inseln auf dem heißen Mantel des Erdinneren.

Erdbeben entstehen, wenn Kontinentalplatten zusammenstoßen: An ihren Rändern baut sich ein riesiger Druck auf. Erdbeben breiten sich wellenförmig aus und sind oft über hunderte von Kilometern zu spüren.

Wasser, das in eine Höhle tropft, enthält gelösten Kalk. Der Kalk bleibt an der Decke oder am Boden als Kalzit zurück. Im Laufe der Zeit entstehen aus den Kalzitrückständen Tropfsteine. Von der Decke hängende Tropfsteine nennt man Stalaktiten, die vom Boden nach oben wachsenden heißen Stalagmiten.

Geheimnisvolle Höhlenwelt

Anna und ihre Mutter sind endlich am Ziel: eine Tropfsteinhöhle. Dort unten begegnet Anna einer ganz anderen Welt. Überall sind Tropfsteine. Sie glänzen wie Diamanten. Manchmal verbinden sie sich sogar zu Säulen oder sie hängen wie Lederlappen von der Decke. Immer wieder gehen Gänge ab, die irgendwo im Dunkeln enden. Plötzlich kommen sie an einen See. Hier endet die Höhle für die Besucher. Der Führer erklärt ihnen, dass ein unterirdischer Fluss noch viele andere Höhlenräume miteinander verbindet.

Einige Tierarten haben sich an das Leben in den feuchten, kalten und dunklen Höhlen angepasst. Fledermäuse und einige Vogelarten suchen hier Schutz. In den Gewässern leben Schwanzlurche, Höhlenfische und Krabben. Viele Arten sind blind und orientieren sich nur mit Hilfe ihres Tast- und Geruchssinns.

**Die meisten Höhlen sind Kalksteinhöhlen. Sie entstehen durch Regenwasser, das in die feinen Risse der Kalksteinschichten eindringt.
Dort zerfrisst es den Kalkstein und schwemmt ihn weg. So werden im Lauf der Zeit aus haarfeinen Rissen breite unterirdische Schächte und Höhlen.**

Die Erdkruste ist eine wahre Schatzkammer. In ihr gibt es nicht nur viele unentdeckte Höhlen, sondern auch wertvolle Bodenschätze: Edelmetalle wie Gold, Silber, Kupfer oder Diamanten, Salz, Erdöl oder Erdgas.

Wenn die Wolken kein Wasser mehr aufnehmen können, fallen die Tröpfchen als Regen, Schnee oder Hagel auf die Erde zurück.

Die Wolken werden von Luftströmungen und Winden über die Erde getrieben. Dabei nehmen sie immer mehr Wasser auf.

Das Regenwasser sammelt sich in den Gewässern oder versickert in der Erde. Auf seinem Weg durch die verschiedenen Erdschichten wird das Regenwasser gefiltert und von Schmutzteilchen gereinigt. Es ist dann klasklar und bildet Quellen, die kleine Bäche speisen.

Der Wasserkreislauf

Geblendet vom Sonnenlicht tritt Anna aus der Höhle. Sie hat großen Durst. „Da vorne ist eine Quelle", sagt die Mutter. Die Quelle wird vom Grundwasser, das sich in tieferen Erdschichten befindet, gespeist. Das Wasser ist hell und klar. Anna schöpft mit beiden Händen etwas Wasser und kostet es. „Das schmeckt ja lecker!", ruft sie. Bisher hat sie Wasser nur aus Leitungshähnen oder Flaschen getrunken. „Die Quelle wird hier zu einem kleinen Bach", erklärt die Mutter. „Der Bach fließt in einen Fluss und der Fluss endet schließlich im Meer."

Die Sonne hält den Wasserkreislauf ständig in Bewegung. Sie erwärmt das Wasser der Meere, Seen und Flüsse. Dadurch verdunstet ein kleiner Teil des Wassers; es wird zu Dampf und steigt in die Luft auf. Aus dem Wasserdampf bilden sich Tröpfchen, die sich zu Wolken zusammenballen.

Große Flüsse wie der Rhein oder die Donau bilden sich durch den Zufluss kleinerer Flüsse. Diese wiederum sind aus Bächen und Rinnsalen entstanden, die von Quellen gespeist wurden.
Der Rhein entspringt in der Schweiz, fließt durch Österreich in den Bodensee und wird danach durch den Zustrom vieler Flüsse, etwa dem Neckar, dem Main oder der Mosel, zu einem breiten Strom, der in Holland in die Nordsee mündet.

Ebbe

Flut

Die Gezeiten

**Zweimal täglich steigt und fällt der Meeresspiegel im Abstand von etwa 6 Stunden.
Bei Niedrigwasser läuft das Wasser ab. Das Watt kommt zum Vorschein.
Die Gezeiten sind die Folge der Anziehungskraft, die Sonne und Mond auf die Erde ausüben.
Auf der Seite der Erde, die dem Mond zugewandt ist, entsteht ein Wasserberg, die Flut.
Der Wasserberg wandert mit dem Mond um die Erde.
Bewegt sich dieser Berg auf die Küste zu, hebt sich der Meeresspiegel zur Flut.
Wegen der Erddrehung herrscht auch auf der anderen Seite der Erde Flut. Zwischen den beiden Flutbergen ist Niedrigwasser – die Ebbe.
Auch die Sonne zieht am Wasser. Sonne und Mond ziehen jeweils einmal im Monat in der gleichen und einmal in der entgegengesetzten Richtung.
Bei Voll- und bei Neumond befinden sich Mond und Sonne in einer Linie mit der Erde. Ihre Anziehungskräfte sind nun so stark, dass Ebbe und Flut besonders ausgeprägt sind. Man spricht von einer Springflut.**

Meere und Ozeane

„Warum ist Meerwasser eigentlich salzig?“, fragt Anna. „Weil die Meere die Auffangbecken der Flüsse sind. Auf ihrem Weg zum Meer lösen die Wassermassen eines Flusses eine Menge Mineralien und eben auch Salze aus dem Boden“, erklärt die Mutter. Die Salze werden ins Meer geschwemmt und dort abgelagert. So nimmt im Laufe der Zeit der Salzgehalt eines Meeres immer mehr zu. Je kleiner das Meer, desto salzhaltiger ist sein Wasser.“ „Stimmt!“, weiß Anna, „im Toten Meer in Israel ist so viel Salz im Wasser, dass man darin gar nicht untergeht. Man kann beim Baden sogar Zeitung lesen!“

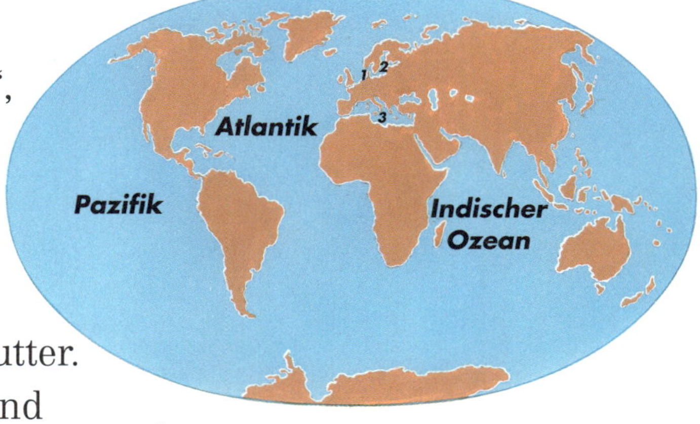

Über zwei Drittel der Erdoberfläche ist mit Wasser bedeckt. Diese große zusammenhängende Wassermasse gliedert sich in drei Ozeane: den Pazifischen, den Atlantischen und den Indischen Ozean sowie deren Nebenmeere. Das sind zum Beispiel die Nordsee (1), die Ostsee (2) und das Mittelmeer (3).

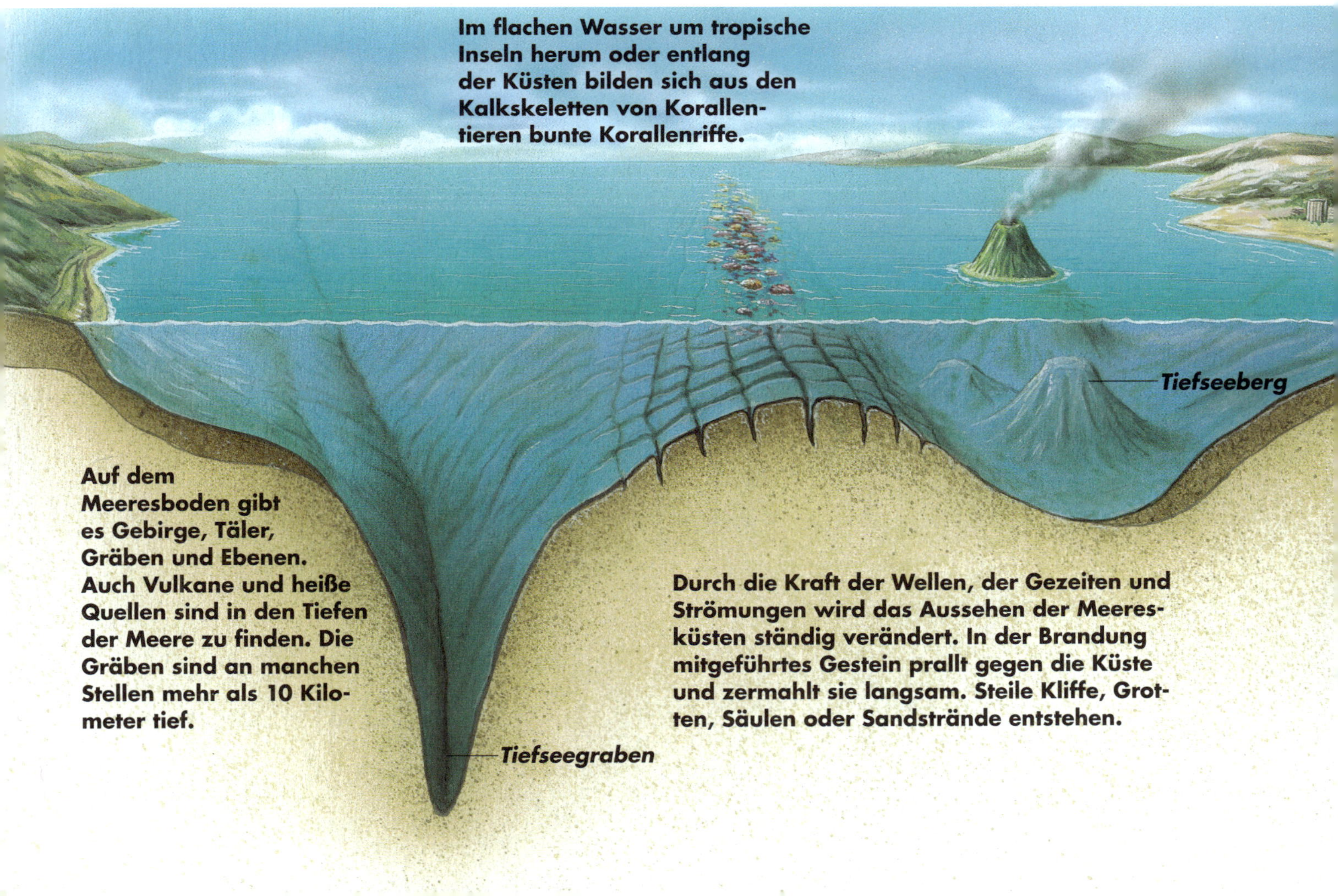

Im flachen Wasser um tropische Inseln herum oder entlang der Küsten bilden sich aus den Kalkskeletten von Korallentieren bunte Korallenriffe.

Auf dem Meeresboden gibt es Gebirge, Täler, Gräben und Ebenen. Auch Vulkane und heiße Quellen sind in den Tiefen der Meere zu finden. Die Gräben sind an manchen Stellen mehr als 10 Kilometer tief.

Durch die Kraft der Wellen, der Gezeiten und Strömungen wird das Aussehen der Meeresküsten ständig verändert. In der Brandung mitgeführtes Gestein prallt gegen die Küste und zermahlt sie langsam. Steile Kliffe, Grotten, Säulen oder Sandstrände entstehen.

Ein Tornado ist ein starker Wirbelsturm, der aus Gewitterwolken entstehen kann. Die Wolken beginnen sich zu drehen und ein Windtrichter entsteht, der bis zum Boden reicht. Ein Tornado wirbelt mit Geschwindigkeiten von bis zu 500 Kilometern pro Stunde über die Erde und reißt wie ein riesiger Staubsauger Gegenstände empor.

Ein Hurrikan, auch Taifun oder Zyklon genannt, ist ein Wirbelsturm. Er erreicht Geschwindigkeiten von etwa 300 Kilometer in der Stunde. Luftmassen kreisen in hoher Geschwindigkeit um die Mitte, das „Auge“ des Hurrikans herum. Dort ist es ruhig und windstill.

Das Wetter

Es ist sehr schwül. Obwohl der Weg nun bergab führt, würde Anna gern eine Pause machen. Doch die Mutter drängt: „Sieh nur, da braut sich ein Gewitter zusammen. Wir müssen uns beeilen!“, sagt sie. Anna schaut zum Himmel. Eine riesige, dunkle Wolke hat sich über ihnen aufgetürmt. In ihrem Inneren grummelt es bedrohlich. Anna und ihre Mutter laufen schneller. Als sie das Auto erreichen, zucken die ersten Blitze über den Himmel.

Bäume und Drahtzäune ziehen Blitze an wie Regenschirme oder Zeltstangen aus Metall. In einem Haus oder Auto mit geschlossenen Scheiben bist du sicher.

An schwülen, windstillen Sommertagen steigt warme, feuchte Luft auf. Große dunkle Gewitterwolken bilden sich. Im Inneren der Gewitterwolken bauen sich starke elektrische Ladungen auf. Wird die Spannung zu groß, gibt es gewaltige Funkenentladungen, die Blitze. Sie heizen die umgebende Luft auf. Durch die Hitze dehnt sich die Luft mit Überschallgeschwindigkeit aus. Dies verursacht den Donner. Wenn man die Sekunden zwischen Blitz und Donner zählt und durch drei teilt, weiß man ungefähr, wie viele Kilometer das Gewitter entfernt ist.

Einen Regenbogen kannst du manchmal sehen, wenn bei Regen die Sonne hinter deinem Rücken steht. Der Regenbogen entsteht, wenn das Sonnenlicht durch die vielen Millionen Regentropfen fällt. Das Sonnenlicht wird dadurch in seine sieben Farben zerlegt: Rot, Orange, Gelb, Grün, Hellblau, Dunkelblau und Violett.

Im Steppen- und Wüstenklima leben Pflanzen und Tiere, die wenig Wasser brauchen. Dort regnet es fast nie. Tagsüber ist es heiß, die Nächte sind eiskalt.

Wir leben in gemäßigten Klimazonen. Unsere Sommer sind warm und die Winter kalt. Das Land ist fruchtbar und in den Mischwäldern gibt es viele Tiere.

Im Norden der Erde liegt die Tundra. Hier können Pflanzen nur während des kurzen, feuchten Sommers wachsen. Die Winter sind lang, kalt und schneereich.

Im Regenwald ist es feucht und heiß. Fast täglich gibt es einen Platzregen. Viele verschiedene Tiere und Pflanzen leben dort.

Je höher die Gebirge, desto kälter ist es dort. Im Hochgebirge sind die Sommer recht kurz und die Winter lang. Auf den Höhen liegt meist Schnee. Die Täler sind feuchtwarm.

In der Polarzone ist es das ganze Jahr kalt und trocken. Sie gehört zu den kältesten Gebieten der Erde. Der größte Teil ist ständig von Eis bedeckt.

Wie ist das Klima anderswo?

Anna spielt mit dem Globus ihres Großvaters. Sie dreht den Erdball um seine Achse, macht die Augen zu und stoppt die Drehbewegung mit ihrem Zeigefinger. Sie öffnet die Augen und schaut, wo ihr Finger gelandet ist. „Brasilien“ liest sie.

Dort herrscht ein ganz anderes Klima als in Europa. Im Sommer und im Winter ist es dort warm und feucht. Viele Bäume blühen und tragen gleichzeitig Früchte. Annas Finger wandert weiter nördlich und landet schließlich am Nordpol. „Brrr!“, denkt Anna, „da ist es ja immer nur kalt!“

Die Wetterbedingungen eines Gebietes bezeichnet man als Klima. Zum Klima zählen Sonneneinstrahlung, Temperatur, Feuchtigkeit, Wind, Niederschlag und Bewölkung. Das Klima einer Gegend wird durch ihre Lage auf der Erde bestimmt. Rund um den Äquator ist es immer warm, weil die Sonne dort im immer gleichen Abstand scheint. In den Gebieten, die weit vom Äquator entfernt sind, ist es dagegen kühler.

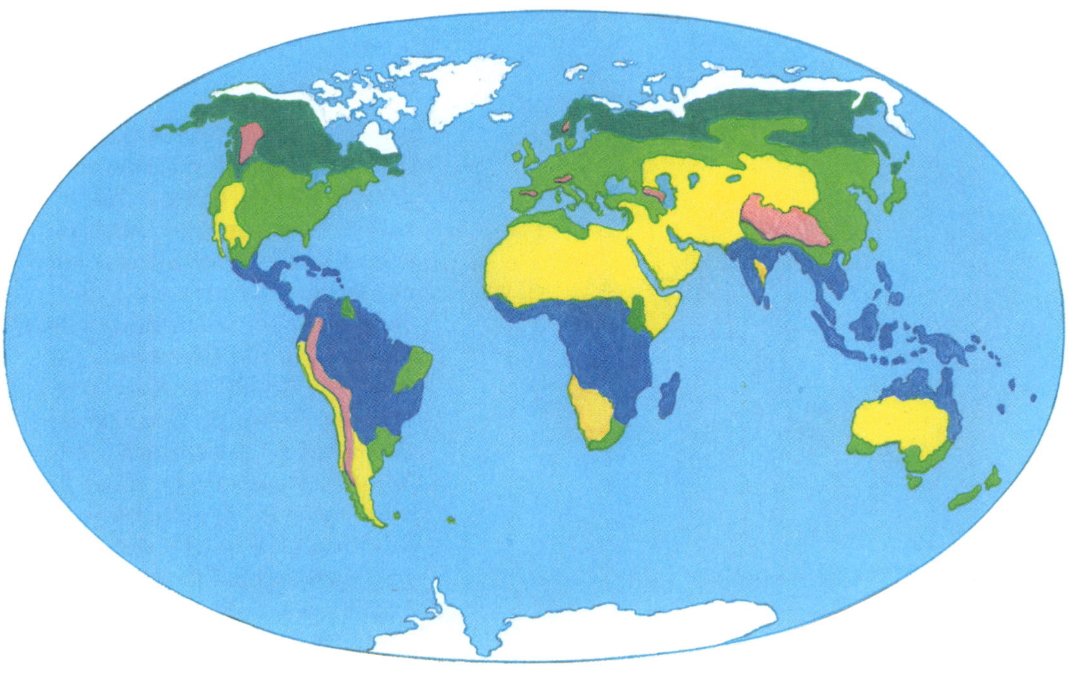

Polargebiete

Tundra und Nördliche Wälder

Gemäßigte Zone

Wüste

Hochgebirge

Regenwald

Erosion

Die Erdoberfläche verändert sich ständig. Wind, Regen und Eis formen und verwittern sie. Steter Tropfen höhlt den Stein: Während der letzten 10 Millionen Jahre hat der Fluss Colorado in Nordamerika das Felsgestein bis zu einer Tiefe von 900 Meter ausgewaschen und den Grand Canyon gebildet, den größten Canyon der Welt.

Gletscher

Wenn große Schneemassen übereinander gehäuft werden, verwandelt sich der Schnee zu Eis. In schattigen Gebirgstälern des Hochgebirges, wo der Schnee das ganze Jahr über nicht schmilzt, bilden sich Eismassen, die Gletscher. Weil der Druck der Eismasse ständig zunimmt, beginnt der Gletscher zu „wandern". Er führt Gesteinsschutt mit sich, die Moränen. Er schiebt sich talwärts und hobelt dabei große Mengen Gestein ab. Das Eis am unteren Rand eines Gletschers schmilzt, wenn dieser die Nähe des Tals mit wärmeren Temperaturen erreicht hat. U-förmige Täler entstehen, die nach Abschmelzen des Gletschers sichtbar werden.

Wunder der Natur

„Post für dich!“, ruft die Mutter. Es ist eine Ansichtskarte von Lukas, Annas bestem Freund.

Er macht Ferien im Elbsandsteingebirge im Osten von Deutschland. „Schau mal, Mama“, sagt Anna. „Die Berge sehen ja aus, als hätte sie jemand mit der Hand gemacht.“ Tatsächlich haben Wind, Wasser und Eis das Aussehen des Elbsandsteingebirges verändert: Wasser und Eis waschen das Gestein aus, Wind trägt es ab. Diese Kräfte nennt man „Erosion“. Anna ist begeistert. Sie findet, dass das Elbsandsteingebirge wie ein Kunstwerk aussieht.

Polarlicht

In der Nähe der beiden Erdpole kann man wunderbare farbige Lichter am Himmel beobachten – das Polarlicht. Es entsteht, wenn die Sonne elektrisch geladene Teilchen von sich schleudert. Die magnetischen Erdpole ziehen diese an. Wenn die Sonnenteilchen mit elektrischen Teilchen in unserer Atmosphäre zusammenprallen, beginnen sie zu leuchten.

Springquellen

Heiße Springquellen werden auch „Geysire“ genannt. Sie entstehen, wenn das Quellwasser durch Magma so erhitzt wird, dass es zu kochen beginnt. In regelmäßigen Abständen werden das heiße Wasser und der Wasserdampf als Fontäne durch eine Öffnung im Erdboden hinausgeschleudert.

Vor etwa 400 Millionen Jahren lebten Kopffüßer wie zum Beispiel die Ammoniten (links im Bild). Ihre Nachfahren sind die Tintenfische. Aus den kieferlosen Osteostraci (rechts im Bild) entwickelten sich später die Fische.

Die ersten Lebewesen entwickelten sich im Meer. Eusthenopteron und der Fischschädellurch Ichthyostega waren halb Meeres- und halb Landtiere. Aus ihnen gingen später die Amphibien hervor.

Knochenfunde, Fußspuren, Hautabdrücke, Eier und sogar Kot geben uns Aufschluss darüber, wie die Dinosaurier früher ausgesehen haben könnten. Manchmal haben Forscher das Glück, das Skelett eines ganzen Dinosauriers zu finden. In mühsamer Kleinarbeit werden die Einzelteile haltbar gemacht und dann zusammengesetzt. So könnte der Raubsaurier Tyrannosaurus Rex ausgesehen haben.

Lebensspuren im Stein

„Bitte nicht schon wieder wandern!“, jammert Anna am Wochenende, als die Mutter wieder den Rucksack mit belegten Broten packt. „Heute machen wir eine Führung in einem Kalksteinbruch“, antwortet die Mutter. „Vor vielen Millionen Jahren war dort einmal ein Meer. Heute ist das Meer verschwunden, aber in dem Kalkstein sind noch Überreste der Tiere zu finden, die damals gelebt haben.“ „Vielleicht finde ich ja einen Dinosaurierknochen“, freut sich Anna.

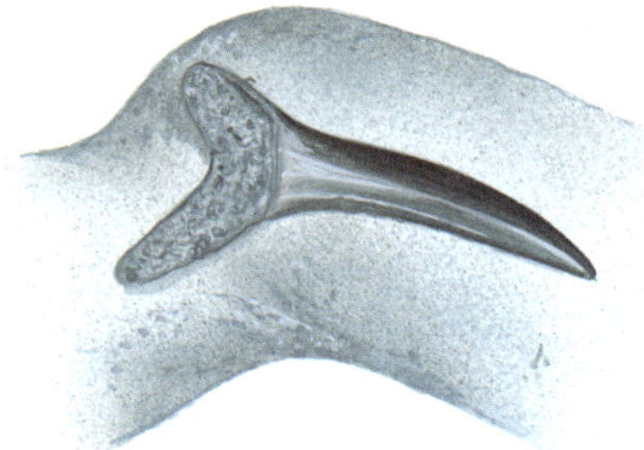

Fossilien sind die versteinerten Überreste von Lebewesen. Skelette, Schneckenhäuser, Hautreste, Zähne und Fußspuren können im Stein erhalten sein. Auch Pflanzen können versteinern. Wenn man weiß, wann bestimmte Lebewesen gelebt haben, kann man an den Fossilien das Alter des Gesteins bestimmen.

1. Ein Lebewesen wird nach seinem Tod von Sand oder Schlamm bedeckt. Während die Weichteile verwesen, bleiben die Knochen erhalten.

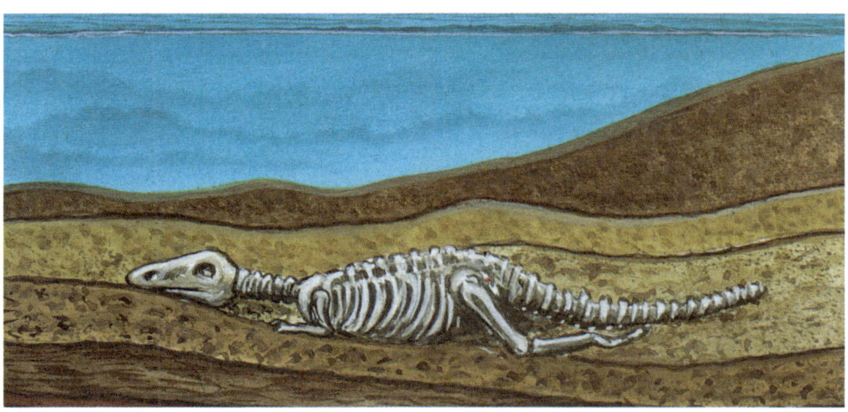

2. Mit der Zeit füllen Mineralien die feinen Hohlräume im Inneren der Knochen aus und härten sie. Gesteinsschichten türmen sich im Laufe von Jahrmillionen über dem Skelett auf.

3. Im Laufe der Zeit werden die Gesteinsschichten durch Wind und Wetter abgetragen und die Fossilien kommen wieder an die Erdoberfläche. Dort, wo früher einmal ein Meer war, findet man häufig versteinerte Muscheln, Seesterne oder die schneckenförmigen Ammoniten.

Worterklärungen

Antarktis: Gebiet um den Südpol.

Amphibien: Wechselwarme Kriechtiere, die sowohl im Wasser als auch an Land leben.

Äquator: Der 0. Breitengrad. Er teilt die Erde in die nördliche und in die südliche Halbkugel.

Arktis: Gebiet um den Nordpol.

Asteroid: Gesteinsbrocken, die um die Sonne kreisen.

Atmosphäre: Umgibt die Erde wie eine Lufthülle bis in etwa 500 Kilometer Höhe.

Ebbe: Der Zeitpunkt, an dem an der Küste der Wasserstand am niedrigsten ist.

Erdachse: Gedachte Linie, um die sich die Erde dreht.

Erosion: Alle Veränderungen der Erdoberfläche, verursacht von den natürlichen Kräften Wind, Wasser, Eis.

Flut: Der Zeitpunkt, an dem der Wasserstand an der Küste am höchsten ist.

Fossilien: Lebewesen, die als Versteinerungen im Fels erhalten geblieben sind.

Galaxie: Viele Sternsysteme bilden eine Galaxie. Unsere Galaxie heißt Milchstraße.

Geysir: Vulkanische Quelle.

Gezeiten: Bezeichnung für Ebbe und Flut.

Komet: Himmelskörper aus Eis und Stein. Sobald ein Komet in die Nähe der Sonne kommt, bekommt er einen leuchtenden Gasschweif.

Kontinent: Erdteil.

Korallen: Kleine Meerestiere mit Kalkskeletten.

Lava: Flüssiges, heißes Gestein, das bei einem Vulkanausbruch aus dem Inneren der Erde strömt.

Magma: Flüssiges, heißes Gestein, das im Erdinnern unter der Erdkruste liegt.

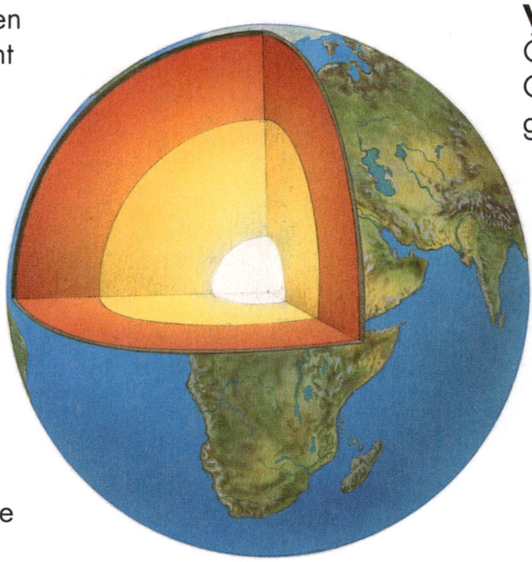

Meeresspiegel: Wasseroberfläche des Meeres.

Meteorit: Stein- oder Metallstück aus dem All, das auf die Erde stürzt.

Mond: 1. Name für den Erdmond. 2. Himmelskörper, der in einer festen Bahn um einen Planeten zieht.

Sonnensystem: Sonne, Planeten, Monde und alle anderen Himmelskörper, deren Bewegungen durch die Sonne bestimmt werden.

Tidenhub: Der sich verändernde Wasserstand zwischen Ebbe und Flut.

Universum: Das Weltall; es umfasst unzählige Galaxien, Sterne, Sonnen, Planeten und Monde und den weiten, leeren Raum dazwischen.

Vulkan: Berg, aus dessen Öffnung geschmolzenes Gestein und Asche herausgeschleudert wird.

Quiz

1. Was ist ein Planetarium?

a) Ein Gewächshaus für seltene Pflanzen

b) Ort, an dem man die Bewegungen des Sternhimmels beobachten kann

c) Freizeitpark für Weltrauminteressierte

2. Was ist der Urknall?

a) Explosion, bei der unser Weltall entstand

b) Das Geräusch von Knallfröschen

c) Explosion, bei der unsere Sonne entstand

3. Durch Erosion ...

a) ... entsteht ein Gewitter

b) ... entsteht ein Hurrikan

c) ... wird die Erdoberfläche verändert

4. Was ist ein Stalaktit?

a) Tropfstein, der von oben nach unten wächst

b) Tropfsteinsäule

c) Tropfstein, der von unten nach oben wächst

5. Was ist ein Tornado?

a) Ein Gerät zur Wetterbeobachtung

b) Kreisender Sturm über dem Meer

c) Trichterförmiger Wirbelsturm an Land

6. Was sind Fossilien?

a) Eine ausgestorbene Tierart

b) Versteinerte Überreste von Lebewesen

c) Seltene Höhlenbewohner

Lösung:
1b - 2a - 3c - 4a - 5c - 6b

Pferde

Inhalt

Fenster
Anbind-Ring
Futtertrog
Selbsttränke
Heunetz
Jaucherinne
Eimer
Schaufel
Besen
Mistgabel
Füttere ein Pferd immer
mit der flachen Hand.
Heugabel

Ninas neue Freunde

Seit Ostern geht Nina in eine neue Schule. Sie hat auch schon eine Freundin. Die heißt Julia und hat sogar ein eigenes Pferd. Nina sitzt neben ihr. Sie findet es toll, wenn Julia von ihrem Pferd erzählt. Heute besucht sie Julia und ihr Islandpony Mischa bei Bauer Jansen. Vorsichtig biegt Nina um die Stallecke. Ein bisschen Bammel hat sie schon vor Pferden. Julia mistet gerade den Stall aus. Mischa steht angebunden vor der Stallbox. „Komm ruhig her“, sagt Julia, „Mischa tut dir nichts.“ Nina zögert noch ein wenig, aber dann geht sie auf ihn zu. Mischa merkt gleich, dass Nina Möhren dabei hat. Er schaut sie an und stupst sie mit den Nüstern. „Lass das“, sagt Nina und lacht. Vorsichtig streichelt sie das samtige Maul. „Wenn du willst, zeige ich dir, wie du die Möhren am besten füttern kannst“, meint Julia.

Wie viel Zeit braucht man für ein Pferd?

Ein Pferd braucht Zuwendung und kostet viel Zeit. Im Stall gehaltene Tiere müssen täglich zweimal besucht werden. Zum Ausmisten, Putzen und Füttern benötigt man etwa eine Stunde. Außerdem sollte ein Pferd jeden Tag Auslauf haben oder geritten werden. Nur in einem sauberen Stall fühlt sich dein Pferd wohl. Feuchtes Stroh und frischer Mist werden täglich entfernt. Alle ein bis zwei Wochen sollte die Einstreu der Box ganz ausgewechselt werden.
Länger in die Ferien fahren kann man bei einem eigenen Pferd nur, wenn man jemanden hat, der in dieser Zeit für das Pferd sorgt.

Die Hufe müssen jeden Tag ausgekratzt werden. So kann der feuchte Mist keine Krankheiten verursachen. Reitpferde werden beschlagen, damit sie sich auf hartem Untergrund besser bewegen können.

Bei der Pferdepflege

Nina ist begeistert. Wie zutraulich Mischa ist! Gemeinsam mit Julia bürstet sie Mischas Fell und kämmt seine Mähne. Danach reinigt Julia mit einem sauberen, feuchten Schwamm die Augen- und Nüsternwinkel. Zum Schluss, vor dem Füttern, werden die Hufe ausgekratzt. Nina spricht leise auf Mischa ein. Mischa gefällt das. Seine Ohren sind nach vorn gerichtet. „Du kannst gut mit Pferden umgehen“, sagt Julia. „Hättest du nicht Lust, in den Pfingstferien mit auf den Reiterhof zu kommen? Da fahre ich jedes Jahr hin. Und Mischa freut sich auch. Der kommt nämlich mit!“

Beim regelmäßigen Ausbürsten wird das Fell gesäubert und die Haut massiert. Zuerst löst man mit Gummistriegel und Wurzelbürste den Schmutz. Dann bürstet man den Körper mit der Kardätsche gründlich in die Richtung, in der die Haare des Fells gewachsen sind. Ab und zu streift man die Kardätsche am Striegel ab.

Mit dem Mähnenkamm werden Kletten und Knoten herausgekämmt. Den Schweif bürstet man büschelweise mit der Kardätsche aus.

Ein Pferd braucht mehrmals am Tag etwas zu fressen. Wenn es noch wächst oder viel geritten wird, bekommt es zusätzlich zu Heu, Stroh und Gras auch Kraftfutter (Hafer, Gerste, Kleie oder Rübenschnitzel). Ein Salzleckstein sollte in keiner Box fehlen. Außerdem mag es Möhren und Äpfel.

Die Hufe dämpfen die Sprünge ab. Die Lauffläche besteht aus der Sohle und einem v-förmigen Gebilde, dem Strahl. Er ist gut durchblutet und sehr empfindlich.

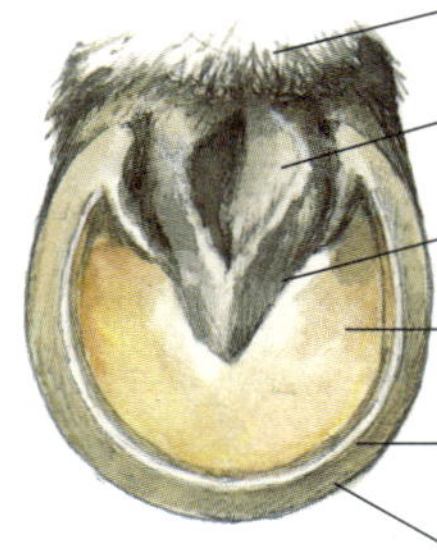

Voltigieren ist eine Art Gymnastik auf dem Rücken eines ruhig galoppierenden Pferdes. Durch Ausbindezügel wird verhindert, dass das Pferd seinen Kopf plötzlich hochreißt.
Das Pferd trägt einen Gurt mit zwei Handgriffen, an denen man sich bei den Übungen fest halten kann. Hier siehst du eine Waage.

Auf dem Reiterhof

Seit Nina Mischa kennt, will sie unbedingt reiten lernen. Schließlich darf Nina wirklich mit Julia auf den Reiterhof fahren. Jan, der Reitlehrer, hat die beiden Mädchen gleich am ersten Tag auf die Koppel hinter die Ställe mitgenommen. Dort wartet Atlanta, eine kräftige Fuchsstute. Jan nimmt sie an die Longe und lässt sie im Kreis laufen. „Los Julia, zeig 'mal, wie gut du voltigieren kannst!", sagt Jan. Julia nimmt ein wenig Anlauf, packt den Voltigiergurt und springt auf Atlantas Rücken. Sie zeigt ein paar Kunststücke und springt wieder ab. Jetzt ist Nina an der Reihe. Jan hebt sie hinauf. Als Atlanta im Schritt losläuft, fühlt sich Nina wie auf einem schwankenden Schiff. Ob sie wohl jemals so gut reiten können wird wie Julia?

Voltigieren ist ein Mannschaftssport. Ein Team besteht aus acht bis fünfzehn Personen.

Mit einer Leine, der Longe, hat der Reitlehrer das Pferd unter Kontrolle ohne es selbst zu reiten. Das Pferd bewegt sich im Kreis um den Longenführer.

Diese Übung heißt Mühle. Das Kind bleibt im Sattel sitzen und dreht sich einmal um sich selbst.

Aufsatteln: Lege die Satteldecke über den Widerrist und ziehe sie etwas nach hinten. Schiebe die Steigbügel hoch und schlage den Gurt über die Sitzfläche. Lege nun den Sattel vorsichtig über den Widerrist und schiebe ihn leicht nach hinten.

Lass den Gurt vorsichtig heruntergleiten. Dann fasst du unter dem Bauch des Pferds nach der Gürtelschnalle und befestigst sie am Sattel. Zwischen Gurt und Bauch müssen zwei Finger passen.

Sattle dein Pferd, bevor du es aufzäumst. Viele Pferde blähen sich beim Satteln auf. Nach dem Aufzäumen haben sie sich entspannt und du kannst nachgurten. Wenn du im Sattel sitzt, kannst du die Steigbügel anpassen.

Sattel

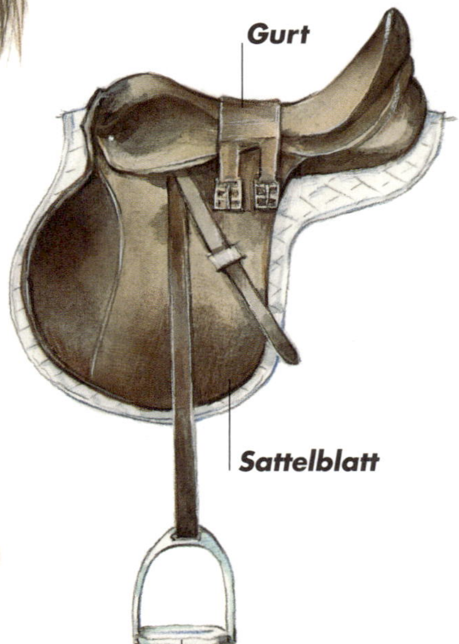

Zaumzeug

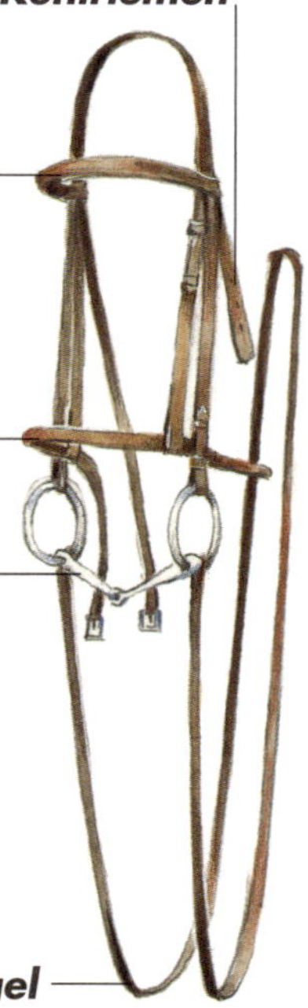

Aufzäumen:
Hebe das Zaumzeug über die Nüstern. Sobald das Mundstück das Maul berührt, schiebst du deinen linken Daumen in die Maulspalte und lässt das Gebiss vorsichtig ins Maul gleiten.

Jetzt hebst du das Kopfstück über die Ohren und lässt den Stirnriemen vor den Ohren. Der Schopf fällt über den Stirnriemen. Befestige erst den Nasen- und dann den Kehlriemen. Beim Kehlriemen muss eine Handbreit Platz sein, beim Nasenriemen zwei Finger.

Zum Führen nimmst du den Zügel unter der Kinngrube in die Hand. Das andere Ende hältst du mit der linken Hand. So behältst du die Kontrolle, wenn das Pferd plötzlich zieht. Wickle den Zügel niemals um die Hand.

Vor der ersten Reitstunde

Auf dem Reiterhof sind mehr als zwanzig Pferde untergestellt. Jan geht mit allen Kindern durch die Stallungen. „Wenn ihr euch ein Pferd aussucht, muss es nicht nur in der Größe, sondern auch von seinem Charakter her zu euch passen“, erklärt Jan. Nina schaut sich alle Pferde genau an. Zwei Pferde mag sie besonders: das hübsche Welsh-Cob-Pony Thekla und die Schimmelstute Maja, die bald ihr Fohlen bekommen soll. Am Nachmittag geht es in die Sattelkammer. Julia will Nina vor der ersten Reitstunde das Aufsatteln und Aufzäumen zeigen. Nina versucht es später mit Erfolg bei Thekla. Willig nimmt Thekla das Gebiss ins Maul.

Welches Pferd passt zu mir?

Auch wenn du nur einige Tage auf einem Pferd reitest – in Größe und Temperament solltet ihr zueinander passen. Wer sich sogar ein eigenes Pferd kaufen darf, entscheidet sich am besten für ein ruhiges und gutmütiges Pony. Es sollte nicht zu jung und bereits zum Reitpferd ausgebildet sein. Geeignete Rassen sind zum Beispiel Haflinger, Fjordpferde, Connemaras oder auch Welsh-Cobs.

Was sind Hilfen?

Die Signale, die der Reiter dem Pferd gibt, nennt man Hilfen. So weiß das Pferd, was es tun soll. Dabei unterscheidet man Gewichtshilfen (Gewichtsverlagerung und Druck mit dem Gesäß), Schenkelhilfen (Schenkeldruck) und Zügelhilfen (Annehmen und Nachgeben der Zügel). Meist werden mehrere Hilfen gleichzeitig gegeben.

Der richtige Sitz

Der Reiter sitzt aufrecht im tiefsten Punkt des Sattels, sodass die Schwerpunkte des Pferdes und des Reiters übereinstimmen. Die Oberarme hängen locker herab. Die Unterarme zeigen nach vorn. Die Zügel werden mit aufrecht stehender leichter Faust gehalten. Die Beine liegen am Pferdekörper und sind leicht angewinkelt. Die Absätze zeigen nach unten und der Fußballen sitzt im Steigbügel auf.

Reiten will gelernt sein!

„Los Kinder, aufsitzen!“, ruft Jan. Nina schafft es ohne Hilfe. In den letzten Tagen haben sie und die anderen Kinder aus der Anfängergruppe viel geübt. Beim Einzelreitunterricht an der Longe haben sie sich an die Bewegungen des Pferdes gewöhnt und gelernt, welche Hinweise man dem Pferd geben muss, um anzureiten und anzuhalten. Heute ist die erste Gruppenreitstunde. Nina reitet auf Thekla. Ihr Pony ist ganz ruhig und richtet seine Ohren leicht nach hinten. Nina versucht gerade und locker zu sitzen. Sie weiß, dass sie sich weder an den Zügeln noch mit den Beinen am Pferd fest halten darf. „Anreiten“, ruft Jan. „Zügel etwas nachgeben und Beine leicht gegen die Flanken drücken.“ Thekla läuft tatsächlich los. Am Ende der Stunde dürfen die Kinder sogar traben. Nina wird zwar ziemlich durchgeschüttelt, aber eines steht für sie fest: Reiten ist das Größte!

Steige beim Aufsitzen von der linken Seite mit Blick zum Schweif auf. Die Zügel hältst du in der linken Hand. Halte die Zügel kurz. Dreh den Bügel zu dir hin und steig mit dem linken Fuß hinein. Halte dich am Sattel fest und schwinge dein rechtes Bein über die Kruppe des Pferdes. Lass dich vorsichtig nieder.

Halte die Zügel beim Absitzen mit der linken Hand fest. Zieh beide Füße aus den Bügeln und beuge dich nach vorn. Schwinge vorsichtig dein rechtes Bein über die Kruppe und gleite am Sattel hinab auf den Boden.

In jeder Faust hältst du einen Zügel. Der Zügel führt zwischen kleinem Finger und Ringfinger an der Innenfläche der Hand entlang und erscheint wieder zwischen Daumen und Zeigefinger.

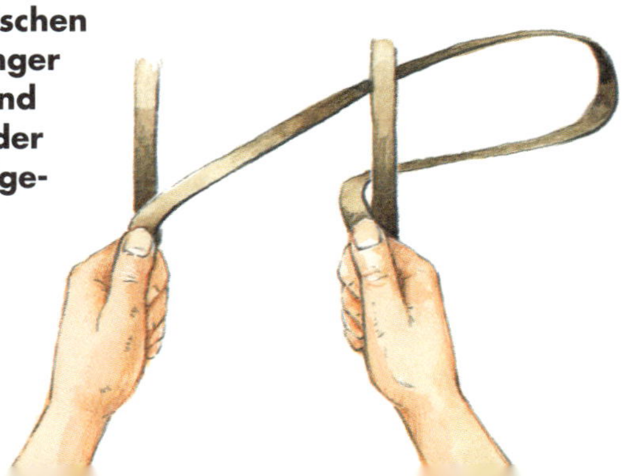

Damit Pferde nicht einseitig belastet werden, macht man ab und zu einen Handwechsel. Das Pferd wechselt also von der linken auf die rechte Hand oder umgekehrt. Reiten auf der linken Hand bedeutet, dass die linke Seite von Reiter und Pferd zur Bahnmitte zeigt – und umgekehrt.

Schritt, Trab und Galopp

Jan und Julia sind auf der Reitbahn. Julia bereitet sich auf das Geschicklichkeitsturnier am Sonntag vor. Mühelos gelingt es Julia von einer Gangart in die andere zu wechseln: Schritt, Trab, Galopp. Außerdem reitet sie in der Reitbahn verschiedene gerade, geschwungene und kreisförmige Strecken – die so genannten Hufschlagfiguren. Jan hat ihr erklärt, dass die verschiedenen Buchstaben an den Banden Orientierungspunkte für die Übungen sind. „So, Julia, jetzt wechselst du im Trab durch die ganze Bahn“, fordert Jan sie auf. Bei dieser Hufschlagfigur reitet Julia zum gegenüberliegenden Ende der kurzen Bahn durch die Länge der Reitbahn. Danach läuft Mischa in die entgegengesetzte Richtung. „Das ist ein Handwechsel“, sagt Jan.

Der Schritt ist die langsamste Gangart. Es ist eine schreitende Bewegung im Viertakt: auf den rechten Vorderfuß folgt der linke Hinterfuß, dann der linke Vorder- und anschließend der rechte Hinterfuß.

Beim Trab bewegt sich das Pferd im Zweitakt, linker Vorder- und rechter Hinterfuß werden gleichzeitig aufgesetzt, dann rechter Vorder- und linker Hinterfuß. Durch Leichttraben entlastet der Reiter sein Pferd, indem er immer einen Trabschritt sitzen bleibt und dann beim nächsten Schritt das Gesäß aus dem Sattel hebt.

Der Galopp ist ein Dreitakt mit Zwischenpause. Beim Linksgalopp berührt zuerst der rechte Hinterfuß, dann gleichzeitig der linke Hinter- und der rechte Vorderfuß und anschließend der linke Vorderfuß den Boden. Darauf folgt eine Schwebephase.

Nur ein gehorsames Pferd reitet durch das Wasser hindurch.

Beim Durchreiten der Wimpel muss das Pferd großes Vertrauen zu seinem Reiter haben, weil es sich vor den Wimpeln fürchtet.

Pferd und Reiter müssen verschiedene Aufgaben möglichst schnell erfüllen. Wichtig sind Geschicklichkeit und ein guter Gleichgewichtssinn.

Das Turnier

„Als nächste Reiterin sehen wir Julia auf Mischa“, ertönt die Lautsprecherstimme. In diesem Moment reitet Julia in den Parcours des Geschicklichkeitsturniers. Die Richter geben das Startzeichen. Julia spornt Mischa an und reitet los. Dem Pony scheinen die Übungen richtig Spaß zu machen. Mischa läuft eine Holzwippe hinauf, balanciert und geht dann auf der anderen Seite wieder hinunter. Nur beim Sprung über eine Hecke zögert er, aber dann springt er doch. „Bravo, Julia!“, rufen Jan und Nina. Am Nachmittag ist Siegerehrung. Julia hat den zweiten Platz gemacht. Stolz nimmt sie den Pokal entgegen und mindestens genauso stolz trägt Mischa das Siegerabzeichen am Stirnband.

Die Sieger eines Turniers werden mit einem Pokal und Preisen belohnt.

Beim Springen wird ein Parcours mit verschiedenen Hindernissen durchritten. Dabei sollte man möglichst kein Hindernis reißen. Sind mehrere Reiter fehlerlos geritten, gewinnt derjenige, der am wenigsten Zeit benötigt hat.

Hier geht es darum die Gegenstände möglichst schnell aufzunehmen und ans Ziel zu bringen. Der Reiter braucht ein gutes Gleichgewichtsgefühl.

In der Dressur muss der Reiter mit seinem Pferd bestimmte Übungen, die Lektionen, ausführen. Beim Pferd wird bewertet, ob es gehorsam ist, beim Reiter sind der korrekte Sitz und der richtige Einsatz der Hilfen wichtig.

Ein Ausritt ist ein schönes Erlebnis. Auch ein Pferd hat viel Spaß daran. An diesen Ausflügen, die meist ein bis zwei Stunden dauern, sollten nur erfahrene Reiter mit zuverlässigen Pferden teilnehmen. Wichtig ist, dass mindestens ein Teilnehmer den Weg kennt.

Der Ausritt

Die Zeit vergeht wie im Flug. Nina ist sehr oft bei Maja. Sie möchte so gern dabei sein, wenn die Stute ihr Fohlen bekommt. Julia reitet heute mit Jan und einigen anderen Kindern aus. Sie genießt es mit Mischa über die Wiesen und durch die Wälder zu reiten. Plötzlich erschrickt Mischa. Julia beugt sich nach vorn. Aber schon hat Jan Mischas Zügel gepackt. Bei ihrer Rast ist der Zwischenfall längst vergessen und Jan zeigt Julia, wie man eine Karte liest.

Es gibt Reitwege und Wege, die für Reiter nicht erlaubt sind. Wenn du auf der Straße reitest, musst du dich an die Straßenverkehrsordnung halten. Reite immer auf der rechten Seite. Schau dich um, bevor du losreitest, gib Handzeichen und verlass dich nie auf dein Gehör, sondern immer auch auf deine Augen.

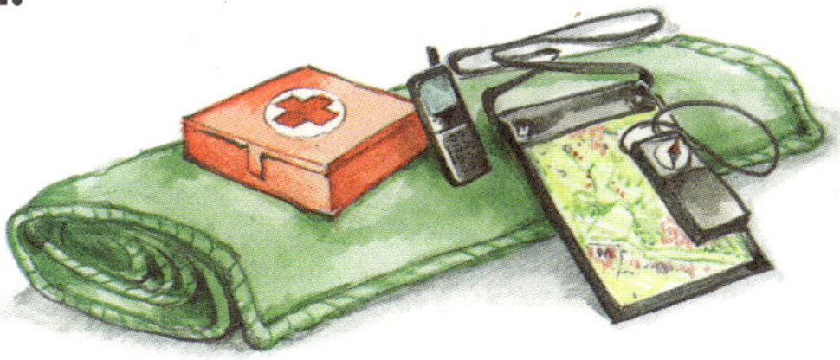

Für den Notfall sollte man eine Erste-Hilfe-Ausrüstung, eine Decke, um einen Verletzten warm zu halten, und wenn möglich ein ausgeschaltetes Handy dabei haben. Der erfahrenste Reiter der Gruppe sollte vorausreiten. Ein Kompass und eine Karte helfen bei der Orientierung.

Pferde gehen nicht gern in enge Transporter. Deshalb muss man ihnen Zeit lassen, sich an den Anhänger zu gewöhnen. Jan führt Thekla gerade über die Rampe hinein.

Um das Pferd während des Transports vor Verletzungen zu schützen, legt man ihm eine Decke, Transportgamaschen, eine Schweifbandage und einen Kopfschutz aus Schaumstoff an.

Wie man Pferde züchtet

Seit zwei Tagen benimmt sich Thekla ganz sonderbar. Sie ist gereizt und launisch. Manchmal hebt sie ihren Schweif an. „Thekla ist rossig“, erklärt Jan. „Sie ist jetzt bereit sich mit einem Hengst zu paaren. Deshalb bringe ich sie zum Deckhengst ins Nachbargestüt. Und wenn wir Glück haben, wird Thekla in etwa elf Monaten ein reinrassiges Welsh-Cob-Fohlen zur Welt bringen.“ Jan macht Thekla für den Transport fertig und lädt sie ein. „Was glaubst du, wie Theklas Fohlen aussehen wird?“, fragt Nina. „Ganz bestimmt wird es auch so hübsche weiße Abzeichen an Stirn und Beinen haben“, sagt Julia.

Bei Wildpferden stammen alle Fohlen einer Herde vom Leithengst ab. Die Fohlen unserer Hauspferde werden dagegen gezüchtet. Beide Elternteile werden nach bestimmten Körper- und Charaktereigenschaften ausgesucht und zusammengebracht. So können sich gute Veranlagungen weitervererben.

Abzeichen

Schnippe ***Stern*** ***Blesse***

Den dunklen Aalstrich findet man meist auf dem Rücken von grauen oder falben Pferden.

Abzeichen

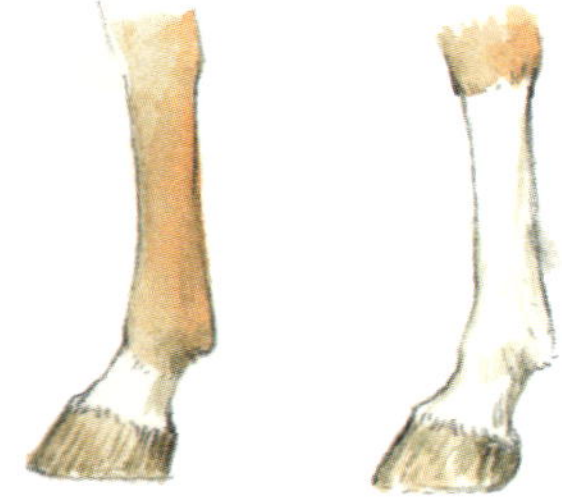

Weiße Fessel ***Halb weißer Fuß***

Die Farben

Die Fellfarben eines Pferdes werden vererbt. Pferde sind meist weiß, schwarz, braun oder fuchsfarben. Ist zum Beispiel ein Elternteil ein Schimmel und der andere braun, so wird das Fohlen ein Schimmel, weil sich die Fellfarbe weiß durchsetzt. Mehr dazu findest du im „Lies mal weiter!“-Teil.

Auf der Koppel

An einem der nächsten Tage besuchen Nina und Julia die Pferde auf der Koppel. Während Julia das Gatter schließt, läuft Thekla auf Nina zu. Auch die anderen Ponys und Pferde kommen neugierig näher. „Weißt du eigentlich, wie viele Pferderassen es gibt?“, fragt Nina und verfüttert Möhren an die Pferde. „Ich glaube mehr als zweihundert!“, antwortet Julia, „Durch das Paaren unterschiedlicher Pferderassen entstehen immer neue Rassen mit neuen Merkmalen. Ich habe auch gehört, dass die einzelnen Rassen bestimmten Gruppen zugeordnet werden. In Europa sind das Vollblüter, Warmblüter, Kaltblüter und Ponys.“

Diese Pferde siehst du hier ...

Vor sechzig Millionen Jahren lebte das Eohippus in Amerika. Aus diesem fuchsgroßen Wesen mit Pfoten entwickelte sich das Urpferd, von dem alle Pferderassen abstammen.

1 Islandpony Mischa, falb, ein ausdauerndes und genügsames Pony
2 Shetlandpony, 2a Rappschecke, 2b Tiger, freundliches Kinderreitpony
3 Hannoveraner Maja, Schimmel, Warmblutpferd mit guten Nerven
4 Welsh-Cob-Pony Thekla, braun, lebendiges, ausdauerndes Familienpony
5 Arabisches Vollblut, Rappe, edles Pferd, feurig und gleichzeitig sehr sanftmütig
6 Lusitano Atlanta, Fuchs, Reitpferd mit ausgezeichnetem Sprungvermögen
7 Shirehorse, schwarzbraun, schweres Kaltblut, das große Lasten ziehen kann

Fohlen und Stute bleiben nur kurze Zeit nach der Geburt liegen. Wenn die Stute aufsteht, reißt meist die Nabelschnur. Die Stute leckt nun ihr Fohlen trocken. Einige Stunden nach der Geburt schaut manchmal der Tierarzt vorbei um das Fohlen zu untersuchen.

Ein neues Fohlen

Beim Frühstück am nächsten Morgen werden Nina und Julia von Jan gerufen. „Kommt rüber in den Stall. Maja hat gestern Abend ihr Fohlen bekommen.“ Nina und Julia lassen alles stehen und liegen und rennen hinaus. Mitten in Majas Box steht das neugeborene Fohlen. Der Tierarzt hört gerade sein Herz ab. Zum Glück ist alles in Ordnung. Als der Tierarzt das Fohlen loslässt, stakst es zu seiner Mutter. „Ist es nun ein Stut- oder ein Hengstfohlen“, will Julia wissen. „Es ist ein Hengst“, sagt Jan, „und so wie der trinkt wird er einmal ein ganz besonderer Kerl.“ Nina denkt daran, dass heute ihre Ferien zu Ende sind. „Schade, dass ich nicht miterleben kann, wie er heranwächst“, sagt sie. „Du kannst ja in den nächsten Ferien wiederkommen“, tröstet sie Jan. „Bis dahin wissen wir, ob Thekla auch bald ein Fohlen bekommen wird.“

Wenn eine Stute befruchtet wurde, ist sie trächtig. Etwa elf Monate vergehen nun, bis ihr Fohlen geboren wird. Vor der Geburt wird die Stute unruhig. An ihren Euterzitzen sieht man gelbliche Tropfen, das „Harz“. Vom Fohlen erscheinen bei der Geburt zuerst die Vorderbeine und dann der Kopf. Sobald die weißliche Eihaut reißt, beginnt das Fohlen zu atmen.

Etwa eine halbe Stunde nach der Geburt beginnt das Fohlen zu saugen. Die erste Milch, die Biestmilch, ist für das Fohlen lebenswichtig. Sie enthält Abwehrstoffe gegen Krankheiten. Schimmelfohlen sind bei ihrer Geburt oft dunkel. Erst im Laufe der Zeit bekommen sie das weiße Fell.

Lies mal weiter!

Den Körperbau eines Pferds nennt man Gebäude. Je harmonischer Muskeln, Knochenbau und die Anordnung der einzelnen Körperteile zueinander passen, desto schöner ist ein Pferd. Und so heißen die einzelnen Körperteile:

Die Fellfarben eines Pferdes

Schimmel: So werden alle Pferde mit mehr oder weniger weißem Fell bezeichnet. Sie werden als Füchse, Braune oder Rappen geboren und werden mit zunehmendem Alter immer heller. Dafür gibt es unterschiedliche Bezeichnungen:

Fuchsschimmel, Fliegenschimmel, Dunkelschimmel, Apfelschimmel (abgebildet), Rotschimmel

Rappe: völlig schwarzes Fell, manchmal mit weißen Abzeichen

Fuchs: rotes Deckhaar von hell bis tiefdunkel

Braun: braune Deckhaare, Beine und Schutzhaare oft schwarz. Entsprechend ihrer Tönung werden die Pferde in Hellbrauner, Brauner, Dunkelbrauner und Schwarzbrauner unterschieden.

Isabelle: hell- bis dunkelgelbes Deckhaar, oft auch grau oder cremefarben, Schweif und Mähne hell oder wie das Fell. Beim Palomino sind Schweif- und Mähnenhaare weiß.

Falbe: gelbes bis graues Deckhaar, Schweif- und Mähnenhaare, Hufe und Beine schwarz

Schecke: mit großen zusammenhängenden Farbflecken bedeckt. Je nach Farben werden sie Fuchsschecken, Rappschecken usw. genannt.

Tiger: verschieden große, meist runde oder längliche Flecken über den ganzen Körper verteilt oder nur über Körperteile verstreut. Die Tigerung wird nach der Farbe der Flecken benannt: Fuchstiger

Was will ein Pferd dir sagen?

„Lass mir meine Ruhe! Ich bin gerade so entspannt!" Das Pferd steht mit gesenktem Kopf und vorgestrecktem Hals da. Seine Ohren hängen locker zur Seite, die Augen sind halb geschlossen. Es döst. In dieser Ruheposition stellt das Pferd ein Hinterbein auf die Zehenspitze.

„Ich bin ganz Ohr!"
Ein aufmerksames Pferd hält seinen Kopf hoch erhoben. Die Augen sind weit offen und die Ohren gespitzt.

„Hallo!"
Pferde beschnuppern sich zur Begrüßung. Wenn sie sich gut riechen können, gehen sie freundschaftlich miteinander um.

„Mir ist so langweilig!"
Die Ohren sind das Stimmungsbarometer eines Pferdes: Gespitzte Ohren zeigen Aufmerksamkeit. Seitlich gestellte Ohren verraten Langeweile.

Legt ein Pferd seine Ohren flach nach hinten, so bedeutet das immer eine Drohung. „Komm mir bloß nicht zu nahe, sonst beiß ich dich!"

„Mit mir ist nicht gut Kirschen essen!"
Wenn ein Pferd schlechte Laune hat, dann presst es sein Maul zusammen, sodass kleine Fältchen über den Nüstern zu sehen sind.

„Ich bin aufgeregt und nervös!"
Ein nervöses Pferd trägt seinen Kopf noch höher als ein aufmerksames Pferd. Sein Schweif wird aufgeworfen und oft kommt ein aufgeregtes Schnauben hinzu.

„Da riecht aber etwas besonders interessant!"
Das Pferd flehmt. Dann saugt es mit seinen Nüstern intensiv einen Geruch ein. Dabei ist seine Oberlippe hochgestülpt. Ein Hengst flehmt zum Beispiel, wenn er eine rossige Stute riecht.

Wusstest du, dass ...

... Pferde Herdentiere sind? Wer ein Pferd halten möchte, sollte ihm auch ein artgerechtes Zuhause bieten können. Pferde sind Steppentiere, die sehr viel Platz und Auslauf benötigen. Das Leben innerhalb einer Pferdeherde ist einer Rangordnung unterworfen. Eine Herde setzt sich aus einem Leithengst, Stuten und Jungtieren zusammen. Ausgewachsene Hengste sind für den Leithengst Konkurrenten. Deshalb bilden sie oft Junggesellengruppen.

... ein Pferd bei guter Pflege etwa vierzig Jahre alt werden kann?

... es außer Schritt, Trab und Galopp noch zwei andere Gangarten bei Pferden gibt?

Der Tölt ist eine Viertaktbewegung wie der Schritt. Er ist nur viel schneller. Wildpferde tölten meist auf rutschigem Untergrund.

... bei Voll-, Warm- oder Kaltblütern nicht die Menge oder Temperatur des Blutes gemeint ist, sondern ihr Temperament? So sind „hoch im Blut stehende" Pferde besonders temperamentvoll.

... die kleinsten Pferd der Welt die Falabella-Ponys aus Argentinien sind? Diese Miniponys werden nicht höher als 72 cm Stockmaß (Höhe: Boden-Widerrist). Sie sind so klein, dass man nicht einmal auf ihnen reiten kann.

... ein Pferd etwa so viel Schlaf braucht wie ein erwachsener Mensch? Mit etwa acht Stunden Schlaf hat es prima ausgeschlafen!

Der Pass ist eine Zweitakt-Gangart wie der Trab. Dabei setzen Vorderbein und Hinterbein einer Seite gleichzeitig auf. Das führt zu einer sanften Schaukelbewegung. Am angenehmsten zu sitzen ist der Rennpass. Passrennen werden vor allem in Island veranstaltet.

Wie sollte ein Pferdestall aussehen?

Am wohlsten fühlen sich Pferde, wenn sie im Freiland mit anderen Pferden gehalten werden. Wichtig ist ein eingezäuntes Weideland mit Wasserversorgung und einem Unterstand, wo die Pferde Schutz finden können. Ein Stall sollte hell, trocken, sauber, luftig, aber nicht zugig sein. Eine Einzelbox sollte so groß sein, dass sich das Pferd um sich selbst drehen kann und auch ein paar Schritte hin und her gehen kann. Das Pferd sollte die Möglichkeit haben, seinen Nachbarn wittern zu können.

In Laufställen werden mehrere Tiere zusammen gehalten. Die Pferde können sich frei bewegen. Bei Außenboxen kann man den oberen Teil der Tür öffnen.

Pferdequiz

1. Welche Gangart ist die schnellste?
a) Galopp
b) Schritt
c) Trab

2. Wie viel Zeit braucht man täglich zum Füttern, Putzen und Ausmisten?
a) ein halbe Stunde
b) eine Stunde
c) zwei Stunden

3. Was ist eine Longe?
a) ein Damensattel
b) eine lange Leine, an der man ein Pferd führt
c) anderes Wort für den Steigbügel

4. Was sind Hilfen?
a) Signale, die der Reiter dem Pferd gibt
b) Behälter mit Verbandsmaterial
c) Sattel und Zaumzeug

5. Wie lange trägt eine Stute ihr Fohlen aus?
a) 7 Monate
b) 11 Monate
c) 14 Monate

6. Wie viele Pferderassen gibt es?
a) mehr als 200
b) mehr als 300
c) mehr als 500

Lösungen: 1a; 2b; 3b; 4a; 5b; 6a

Unsere Haustiere

Fips

Ein kleiner Hund mit Namen Fips
erhielt vom Onkel einen Schlips
aus gelb und roter Seide.

Die Tante aber hat, o denkt,
ihm noch ein Glöcklein drangehängt
zur Aug- und Ohrenweide.

Hei, ward der kleine Hund da stolz.
Das merkt sogar der Kaufmann Scholz
im Hause gegenüber.

Den grüßte Fips sonst mit dem Schwanz;
jetzt ging er voller Hoffart ganz
an seiner Tür vorüber.

Christian Morgenstern

Inhalt

Wer hat welches Haustier?

Aufregung in Klasse 3c! Ein Vogel hat sich ins Klassenzimmer verirrt und versucht aufgeregt zu entkommen. Frau Koch bittet die Kinder ruhig zu sein. Langsam nähert sie sich dem Vögelchen mit einem Tuch. Es sitzt ganz verängstigt in einer Ecke. Frau Koch redet beruhigend auf es ein. Als sie nah genug ist, wirft sie das Tuch über den Vogel und nimmt ihn vorsichtig hoch. Alle wollen den Piepmatz sehen. Es ist ein Rotkehlchen, das sich vor Angst aufgeplustert hat.

„Ist der süß“, sagt Clara. „Können wir ihn nicht behalten?“

„Ein wild lebendes Tier würde in Gefangenschaft bald sterben“, meint Frau Koch. „Ich lasse den Vogel jetzt frei – und danach erzählt ihr mir von euren Haustieren.“

Warum brauchen Katzen einen Kratzbaum?

Von Zeit zu Zeit nützen sich die Krallen ab. Beim Wetzen der Krallen an einem geeigneten Gegenstand löst sich die oberste Krallenschicht.

Katzen sind Schleichjäger.

Sie warten stundenlang geduldig auf ihre Beute und schlagen dann blitzschnell zu. Sie spielen noch eine Weile mit ihrer Beute und töten sie erst, wenn sie hungrig sind.

Clara und die Katzen

Das Rotkehlchen ist wieder in Freiheit.
Clara kann es gar nicht erwarten, von ihrer Katze zu erzählen: „Mimi lebt schon seit über einem Jahr bei uns. Als sie zu uns kam, war sie gerade zehn Wochen alt.
Zuerst war sie ganz ängstlich. Sie traute sich kaum aus ihrem Katzenkorb. Da haben wir sie in Ruhe gelassen. Katzen bestimmen selbst, was sie machen wollen. Wenn sie spielen oder schmusen wollen, zeigen sie dir das. Katzen kann man nicht wie einen Hund erziehen. Am tollsten fand ich, als Mimi ihre erste Maus fing. Die brachte sie sogar mit in die Wohnung!“

In einem höhlenartigen Korb mit einer Decke oder einem Kissen fühlen sich Katzen am wohlsten. Er sollte an einem ruhigen, warmen, nicht zu hellen Platz stehen.

Die Katzentoilette sollte an einem ruhigen Ort stehen und regelmäßig gesäubert werden.

Eine Katze, die auch ins Freie kann, ist viel zufriedener als ein Tier, das in der Wohnung bleiben muss.

In der ersten Zeit brauchen Kätzchen viel Zeit und Ruhe, um ihre Umgebung kennen zu lernen.

Kleine Katzen brauchen Spielzeug um sich austoben zu können.

Deine Katze ist von dir abhängig. Das bedeutet, dass du für ihre grundlegenden Bedürfnisse sorgen musst. Eine Katze kann zwar für ein paar Stunden allein sein, danach möchte sie aber gern ausgiebig mit dir spielen.

Mit gleichmäßigem Schnurren zeigt die Katze, dass ihr das Streicheln gefällt. Katzen mögen es, an der Kehle gekrault zu werden.

Wenn die Katze vor dir zu spielen beginnt, heißt das: „Komm, spiel mit mir!"

Wenn der Schwanz steil aufgerichtet und das Fell gesträubt ist, heißt das: „Bleib bloß weg. Ich hab nämlich Angst!" Macht die Katze einen Buckel mit gesträubtem Fell, möchte sie zeigen, wie groß und wichtig sie ist.

Kleines Katzen-ABC

Wer seine Katze beobachtet, wird bald feststellen, dass sie ständig Signale gibt. Auf diese Weise zeigt sie dir, was ihr gefällt und was nicht.

Katzen mögen es nicht, wenn man sie im Schlaf aufschreckt. Eine Katze meldet sich, wenn sie wieder wach ist und spielen oder gestreichelt werden möchte.

Katzen können 16 bis 18 Jahre alt werden, in Ausnahmefällen sogar 25 Jahre!

Regelmäßig muss Futter in der richtigen Menge und Zusammensetzung bereitstehen. Dazu gehört auch frisches Wasser in einem sauberen Gefäß.

Die Katze streicht zur Begrüßung um deine Beine: „Komm, lass uns schmusen!" oder „Ich hab Hunger!"

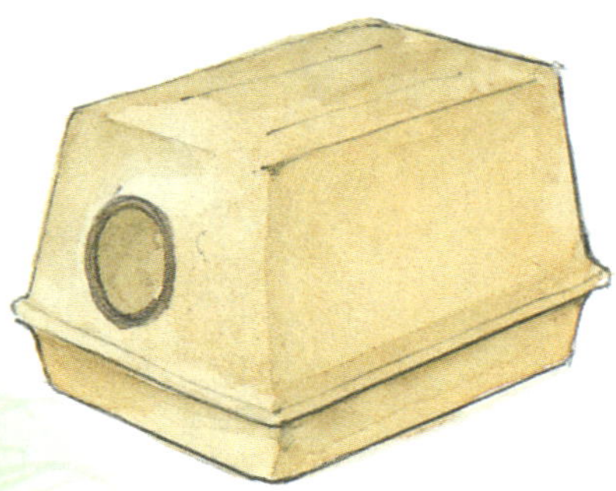

Katzen wollen saubere Klos! Du musst nicht jedes Mal die gesamte Streu auswechseln. Es reicht, die verschmutzten Stellen mit einer Schaufel zu entfernen.

Das Katzenfell immer mit dem Fellstrich bürsten. Langhaarkatzen sollten täglich gebürstet werden, Kurzhaarkatzen pflegen ihr Fell selber.

Die Katze streckt sich aus und zeigt dir ihre Bauchseite: „Mir geht es gut, und ich mag es, wenn du mich streichelst."

Jacko passt auf Haus und Hof auf, zieht den Leiterwagen mit Ninos kleiner Schwester und liebt Kinder. Weil er ein richtiger Wachhund ist, lebt er in einem Zwinger. Nino geht jeden Morgen und Abend mit Jacko spazieren. Zur Begrüßung wirft Jacko Nino fast um!

Larissa wohnt mit ihrem Cockerspaniel Duffy am Stadtrand. Duffy liebt weite Spaziergänge mit Stöckchenwerfen. Sie ist eine gute Wachhündin und schmust gern.

Treue Freunde

Japsie, Bennis Yorkshire-Mischlingshund, macht es nichts aus, mitten in der Stadt zu wohnen. Er braucht nicht viel Auslauf und genießt es, wenn er mit Benni in der Wohnung spielen und schmusen kann.

Kaum hat Clara fertig erzählt, meldet sich Nino. „Ich habe wohl das größte Haustier von euch, nämlich einen Berner Sennenhund! Jako braucht ganz viel Auslauf.“

„Wir haben auch einen Hund!“, ruft Larissa, „einen Cockerspaniel. Der ist mittelgroß.“

„Mein Hund ist ziemlich klein“, sagt Benni. „Ich kann ihn sogar in meinem Fahrradkorb mitnehmen!“

Am nächsten Tag bringen die drei Kinder Fotos von ihren Hunden mit.

„Unser Hund war am Anfang in einer Hundeschule“, erzählt Nino. „Da hat er gelernt, aufs Wort zu gehorchen! Wenn ich ihn rufe, kommt er sofort.“

Der Hund wedelt mit dem Schwanz: „Ich freue mich!“

Das Fell ist gesträubt, der Schwanz nach hinten ausgestreckt, die Ohren sind angelegt: „Komm nicht näher – sonst beiße ich!“

Geducktes Laufen mit eingezogenem Schwanz: „Ich hab Angst!“ oder „Mir tut was weh!“

Der Hund liegt mit den Vorderpfoten auf dem Boden: „Komm, ich möchte mit dir spielen!“

Eine aufmerksame Haltung mit erhobener Vorderpfote bedeutet: „Da vorn ist was, das möchte ich jagen!“

Kleines Hunde-ABC

Mit etwa zwölf Wochen gewöhnt sich ein Welpe am besten in eine Familie ein. Dann lernt er am schnellsten stubenrein zu werden und zu gehorchen. Nur ein gut erzogener Hund macht auf Dauer keinen Ärger. Bei der Erziehung muss man immer geduldig sein und klare Befehle geben. Wer seinen Hund schlägt oder dauernd mit ihm schimpft, macht ihn ängstlich und bissig!

Ein Hund muss wissen, wo er hingehört. Im Haus sollte sein Schlafplatz mit Matratze an einem ruhigen, nicht zu hellen Ort sein. Eine Hundehütte muss geschützt stehen und leicht zu reinigen sein.

Kleine bis mittelgroße Hunde können je nach Rasse 13 bis 18 Jahre alt werden. Größere Rassen werden oft nur 10 bis 12 Jahre alt.

Das sollte jeder Hund können:

- **Er muss seinen Namen kennen.**
- **Er muss auf den Befehl „Komm" reagieren.**
- **Er muss auf die Befehle „Sitz" und „Halt" hören.**
- **Er muss an der Leine gehen.**
- **Er muss auf „Pfui" und „Aus" gehorchen.**
- **Er muss stubenrein sein.**

Dein Hund braucht genügend Spielzeug, zum Beispiel: einen Büffelhautknochen, um sein Gebiss in Ordnung zu halten, ein Quietschtier für seinen Schlafplatz, einen Ball zum Spielen.

Ein gesunder Hund braucht eine ausgewogene Ernährung. Es gibt Fertigfutter, in dem schon alles enthalten ist. Wer für seinen Hund kocht, muss darauf achten, dass das Futter aus zwei Drittel Eiweiß (Fleisch) und einem Drittel Kohlenhydrate (Haferflocken, Reis) besteht. Beim Abnagen von Knochen werden die Zähne gereinigt.

Ein Hund sollte nur gebadet werden, wenn er sehr schmutzig ist. Besser ist es, wenn du sein Fell regelmäßig bürstest. Für die Fellpflege gibt es Bürsten und Kämme.

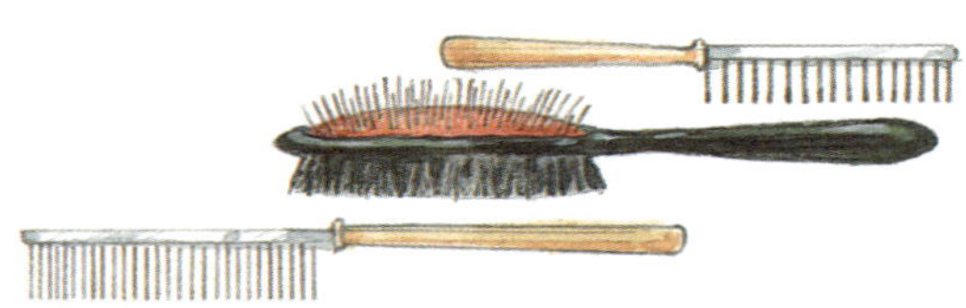

Das Kaninchen Leopold hat Schnupfen. Katrin bekommt vom Tierarzt ein paar Tropfen, die sie ihrem Kaninchen mit einer Pipette geben muss.

Beim Tierarzt

Am Nachmittag kommt Larissa ganz aufgeregt nach Hause. Duffy hat sich einen Stachel in die Pfote getreten und blutet. Zusammen mit ihrem Vater bringt Larissa Duffy zum Tierarzt. Im Wartezimmer sitzt auch Larissas Freundin Katrin mit ihrem Kaninchen Leopold.
Es hat Schnupfen.
Duffy zittert und legt sich flach auf den Boden. Sie hat Angst.

Larissa streichelt sie. Endlich sind sie an der Reihe. Der Tierarzt zieht den Stachel mit einer Pinzette heraus. Danach bekommt die Hündin einen festen Verband und eine Belohnung.

Wie erkennt man, ob ein Tier krank ist?

- **Das Tier ist in seinem Verhalten ganz anders als sonst.**
- **Es hat keinen Appetit.**
- **Es mag nicht spielen.**
- **Es hat Blut im Urin oder Kot.**
- **Augen und Nase tränen.**
- **Es kratzt sich dauernd an bestimmten Stellen.**
- **Es hat Schmerzen und schreit, wenn man es berührt.**
- **Seine Augen sind trübe.**

Duffys Verband wird mit Klebeband fest umwickelt, damit sie ihn nicht wegbeißt.

Pipette

Um Leopold seine Tropfen geben zu können, muss ihn Katrin fest am Nackenfell packen. Dadurch öffnet sich sein Mundwinkel ein wenig. In diesen Spalt drückt Katrin den Inhalt der Pipette.

Was tun bei Zecken?

Zecken bohren sich in die Haut und saugen Blut. Sie können auf Mensch und Tier Krankheiten übertragen. Es gibt Medikamente, die man auf das Fell von Tieren aufträgt. Sie verhindern Zecken- und Flohbefall. Wenn sich dennoch eine Zecke im Fell deines Tieres findet, ziehst du sie am besten mit einer Zeckenzange heraus ohne sie zu drehen.

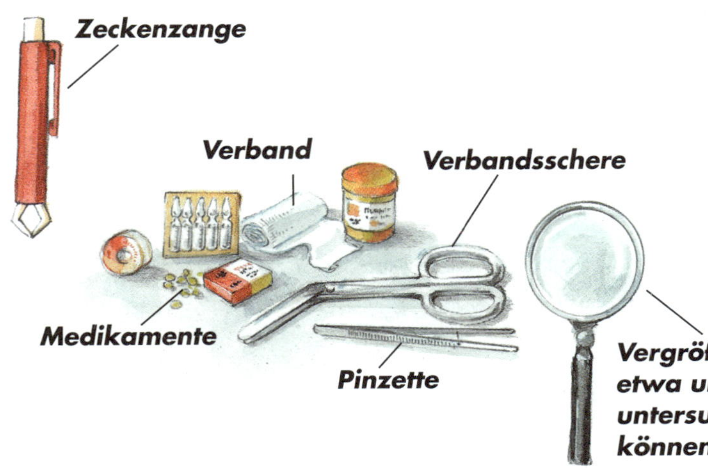

Eine Nippeltränke hat den Vorteil, dass das Kaninchen das Wasser im Käfig nicht umwerfen oder verschmutzen kann.

Weil seine Vorderzähne ständig nachwachsen, will ein Kaninchen immer nagen. Dabei wetzt es seine Zähne ab. Diesen Nagetrieb kann man befriedigen, indem man dem Tier unterschiedliche Dinge, zum Beispiel frische Äste, zum Nagen gibt.

Katrin und ihr Zwergkaninchen

Leopolds Schnupfen ist nach ein paar Tagen weg. Katrin ist froh, dass ihr Zwergkaninchen wieder gesund ist. Genüsslich mümmelt es vor sich hin.
Kaninchen können sich nur über Körpersprache mitteilen. Deshalb beobachtet Katrin es immer ganz genau. Will Leopold gestreichelt werden, stupst er sie mit der Nase. Wenn er seine Ruhe haben will, legt er die Ohren an und hört mit dem Mümmeln auf.

Der Kaninchenstall muss wasserdicht sein. Wichtig ist, dass er immer sauber ist und Platz für eine kleine Höhle und eine Futterkrippe hat.

Auch draußen braucht das Kaninchen einen Auslauf.

Oft werden Zwergkaninchen verkauft, die sich später als große Kaninchen entpuppen. Als Regel gilt: Je kürzer die Ohren im Vergleich zum Kopf, desto kleiner bleibt das Tier, wenn es erwachsen ist! Zwergkaninchen können 4 bis 6 Jahre alt werden.

Pressfutter aus der Tierhandlung, aber auch Körner, Wiesenkräuter, Salat, Möhren, Äpfel und trockenes Brot sollten jeden Tag frisch gefüttert werden!

Hebe dein Kaninchen niemals an den Ohren hoch, sondern immer am Nackenfell!

Wenn du dein Kaninchen jeden Tag bürstest und dabei mit ihm sprichst, wird es schnell zahm.

Knabber-
stange
Nippeltränke
Schlaf- und
Vorratshäuschen
Laufrad
Röhre
zum
Klettern
Zwerghamster

Goldhamster und Zwerghamster

Kai und Julia haben den gleichen Schulweg. Sie unterhalten sich über Hamster. Kai hat einen Goldhamster, der den ganzen Tag schläft und erst abends aus seiner Höhle kommt. Julia hat zwei Zwerghamster.
„Mein Goldhamster ist ganz zahm“, erzählt Kai stolz. „Er kommt zu mir, wenn ich ihn rufe und dann trage ich ihn in meiner Tasche herum.“ Julia staunt. Ihre beiden Hamster sind eher scheu, dafür kommen sie schon nachmittags aus ihrem Bau, um zu spielen. „Warum hast du eigentlich nur einen Hamster?“, fragt sie Kai. „Goldhamster sind Einzelgänger“, sagt Kai. „Sie mögen keinen anderen Hamster in ihrer Nähe!“

Bei guter Ernährung und artgerechter Haltung können Hamster bis zu 3 Jahre alt werden!

Der Hamsterkäfig muss immer sauber und dick mit Streu bedeckt sein. Sein Schlafhäuschen polstert der Hamster selbst aus. Hamster sind sehr reinliche Tiere. Sie richten in ihrem Käfig eine eigene Klo-Ecke ein und putzen sich oft und gründlich.

Hamster spielen und klettern gern, aber erst wenn sie ausgeschlafen haben! Deshalb nie den Hamster wecken, sondern warten, bis er aufwacht!

Ein Goldhamster braucht täglich etwa 2 Teelöffel Körnermischfutter und reichlich Obst, Gemüse oder Grünfutter. Etwa die Hälfte reicht für Zwerghamster.

Hamster haben geräumige Backentaschen, in denen sie ihre Nahrung transportieren. Sie sind so groß, dass sich im gefüllten Zustand der Kopfumfang des Hamsters verdoppelt. Zum Entleeren streicht der Hamster mit seinen Vorderpfötchen an den Wangen entlang.

Leiter
Tontöpfe
zum
Verstecken
Irrgarten
Schlafhäuschen

Meerschweinchen und Mäuse

Nach der Schule geht Larissa mit zu Meike. Eines ihrer Meerschweinchen hat Junge bekommen. „Stell dir nur vor“, kichert Meike, „eines Morgens lagen sechs kleine Meerschweinchen im Käfig. Und wir dachten, wir hätten zwei Männchen!“ Meike und Larissa bauen für die acht Meerschweinchen einen Spielepark auf. Da kommt Meikes Schwester Lena mit ihrer Ratte Ottokar ins Zimmer. Larissa staunt, wie zahm die Ratte ist. Sobald Lena ruft, pfeift die Ratte und klettert auf ihre Schulter.

So geht Lena mit ihr sogar im Park spazieren.

Ratten und Mäuse

Ratten sind intelligente Tiere, die gern spielen. Auch Rennmäuse und andere zahme Mäuse sind gute Spielkameraden. Tanzmäuse laufen nur im Kreis herum.

In den Meerschweinchen-Käfig gehören ein Schlafhäuschen, ein Fressnapf und ein Kletterast.

Meerschweinchen können 4 bis 8 Jahre alt werden. Ratten werden meist nur 2 Jahre alt.

Häuschen aus Baumrinde

Damit sich die Zähne der Meerschweinchen gleichmäßig abnutzen, gibt man ihnen am besten morgens hartes Futter, wie Körner, Pressfutter, Heu oder hartes Brot, und erst nachmittags Grünfutter, Obst und Gemüse. In einer Nippeltränke sollte immer frisches Wasser bereitstehen.

Beim Hochnehmen fasst du mit einer Hand unter den Bauch des Meerschweinchens. Mit der anderen schützt du es vor dem Hinunterfallen.

Den unteren Teil des Käfigs sollte man zum Säubern herausziehen können, ohne dass der Vogel den Käfig verlassen muss.

Nur ganz junge Wellensittiche werden zahm. Junge Vögel haben große dunkle Augen und eine hellblaue bis rosa Nasenhaut. Ältere haben einen weißen Ring um die Augen und die Nasenhaut ist deutlich blau (Männchen) oder honigbraun (Weibchen).

Frau Koch und ihr Wellensittich

Heute hat Frau Koch eine geheimnisvolle Kiste mit Löchern in den Unterricht gebracht. Vorsichtig hebt sie den Deckel ab und holt einen Käfig mit einem Wellensittich heraus.
„Das ist Piping“, sagt sie. „Er ist sehr zahm und kann sogar etwas sprechen.“
„Wellensittiche sind nur was für Omas, sagt mein Papa“, flüstert Nino Larissa zu.
Ob Frau Koch was gehört hat? Sie sagt: „Ältere Menschen haben oft mehr Zeit und Geduld, um mit den Vögeln zu sprechen und zu spielen, deshalb werden sie bei ihnen zahmer.
Aber wie ihr seht, schaffen das auch jüngere Leute.“ Larissa kichert und Nino schaut plötzlich sehr angestrengt auf den Boden.

Dein Vogel braucht einen großen Käfig mit Sandboden, Futternapf und Wasserspender, eine Schaukel, einen Spiegel, Spielzeug und einen Zweig zum Knabbern.

Wellensittiche baden am liebsten in flachen Wasserschalen.

Wellensittiche werden etwa 5 Jahre alt.

Füttere deinen Vogel mit einer Körnermischung aus dem Fachhandel. Außerdem braucht er Grünfutter, wie Löwenzahn, Salat, Möhren und Äpfel. Achte darauf, dass er immer genügend frisches Wasser hat.

Wellensittiche gehören zu den Papageien und leben in Australien in dichten Schwärmen zusammen. Deshalb sollte man sie nie einzeln halten. Dieser Vogel wird nur zahm, wenn du dich täglich mindestens eine Stunde mit ihm beschäftigst. Willst du nicht so viel Zeit mit ihm verbringen, solltest du dir zwei Wellensittiche zulegen. Sie werden zwar nicht handzahm, sie sind aber glücklich und lustig zu beobachten.

So kannst du einen zahmen Vogel kraulen.

Fische brauchen Verstecke. Ein Wurzelholzstück, eine große Meeresmuschel, Steinhöhlen oder eine aufgeschnittene Kokosnuss bieten neben vielen Pflanzen genügend Unterschlupf.
Black Mollys sind lebhafte Fische und leben gern in kleinen Gruppen.
Neonfische sind Schwarmfische, die besonders gut vor dunklem Hintergrund zur Geltung kommen.
Platys sammeln Algen von den Pflanzen ab.
Metallpanzerwelse säubern Glas und Beckenboden.

Benno und sein Aquarium

Benno träumt gern vor seinem neuen Aquarium. Es ist, als ob er in eine andere Welt schauen würde. In seinem Warmwasser-Aquarium schwimmen hauptsächlich lebend gebärende Zahnkarpfen: sechs Guppys, drei Schwertträger, vier Black Mollys und drei Platys. Außerdem hat er einen kleinen Schwarm Neonfische und drei Metallpanzerwelse, die die Scheiben von Algen säubern. Benno hat sich lange überlegt, welche Fische er haben wollte. Die Fische müssen miteinander auskommen, dieselbe Wassertemperatur mögen und sollten genügend Raum zum Leben haben.

Ein Aquarium darf nicht auf der Fensterbank stehen. Dort ist es im Sommer zu hell und zu heiß.

Schwertträger gibt es in verschiedenen Farben. Ihren Namen haben sie von dem schwertähnlichen Schwanz der Männchen.

Guppys müssen sich nach der Geburt in schwimmenden Pflanzen an der Oberfläche verstecken können. Sonst fressen die Eltern ihre Kinder!

Einrichten eines Aquariums

Als Erstes werden gewaschener Kies und Sand in das leere Aquarium gefüllt. Dann werden einige Wasserpflanzen eingesetzt. Bevor das Ganze mit Wasser aufgefüllt wird, kommen an den Glasrand des Aquariums Temperaturregler und Wasserfilter. Sie sorgen dafür, dass das Wasser immer die gleiche Temperatur hat und sauerstoffreich bleibt. Im Deckel des Aquariums ist eine Lampe, die an eine Zeitschaltuhr angeschlossen ist.

Fische einsetzen

Fische vertragen keine plötzlichen Temperaturänderungen. Deshalb darf man sie nach dem Kauf nicht gleich ins Aquarium setzen. Wenn man den Transportbeutel erst auf das Wasser legt, gewöhnen sich die Fische langsam an die Aquariumtemperatur.

Pflege

Einmal pro Woche sollte ein Drittel des Aquariumwassers ausgetauscht werden.

Lies mal weiter!

Was du überlegen sollstest, bevor du dir ein Haustier anschaffst:

Wer versorgt das Tier? Bist du wirklich bereit, für mehrere Jahre die Verantwortung für ein Tier zu übernehmen? Unter Umständen kann die Pflege eines Tieres sehr aufwendig sein. Wer füttert es? Wer pflegt sein Fell? Wer sorgt dafür, dass es ihm nicht langweilig wird?

Habt ihr genügend Platz für das Tier? Ein Bernhardiner in einer Etagenwohnung ist genauso fehl am Platz wie zehn Wellensittiche in einer Dreizimmerwohnung.

Welches Tier passt zu unserer Familie? Es hat keinen Sinn ein Haustier anzuschaffen, vor dem sich ein Familienmitglied ekelt oder gar fürchtet.

Bist du sicher, dass niemand in deiner Familie gegen Tierhaare allergisch ist?

Erlaubt euer Vermieter, dass ihr ein Haustier haltet?

Wer geht mit dem Tier zum Tierarzt, wenn es krank wird oder geimpft werden muss?

Ein Haustier braucht Zeit und Zuwendung. Bist du bereit, ihm die zu geben?

Die „Sprachen“ der Tiere

	Körpersignal	Bedeutung	
Katzen	Hebt eine Pfote an	„Vorsicht, gleich kratz ich dich!“	
	Anschmiegen	„Komm, streichle mich. Ich mag dich!“	
	Schüttelt ihre Pfote aus	„Irgendwie fühle ich mich nicht wohl!“	
	Schwanzende wackelt langsam hin und her	„Da vorn ist was, das interessiert mich!“	
	Der Körper wirkt ganz angespannt	„Komm nicht näher!“	
	Ohren aufgerichtet	„Bin mal gespannt, was jetzt passiert!“	
	Ohren bewegen sich hin und her	„Ich bin mir nicht sicher!“	
	Ohren seitlich weggedreht	„Irgendwas stimmt hier nicht!“	
	Ohren zurückgelegt	„Ich habe Angst!“	
Hunde	Setzt überall Urin ab	Markiert sein Revier	
	Wendet Kopf und Körper von dir ab	„Du interessierst mich nicht!“	
	Hebt seine Lefzen an	„Gleich beiß ich dich!“	
	Stupst dich mit der Schnauze an	„Komm, wir spielen!“	
	Hechelt	„Mir ist heiß!“	
	Dreht sich langsam im Kreis	„Ich will endlich meine Ruhe!“	
	Muskelzittern	„Mir ist kalt“ – „Ich habe Angst!“	
	Rührt mit der Pfote im Futternapf	„Ich habe Hunger“	
	Schwanz zwischen die Hinterläufe geklemmt	Zeichen von Angst, Trauer oder Schmerz	
Kaninchen	Kontaktschnuppern	Vorsichtiges Begrüßen	
	Macht ganz schnell viele Kotbällchen	Das Tier fühlt sich sehr gestresst	
	Trommelt mit den Hinterläufen	„Geh weg, sonst passiert was!“	
	Wälzt sich	„Ich fühl mich richtig wohl!“	
	Der Körper ist entspannt, die Ohren angelegt	„Ich möchte jetzt meine Ruhe!“	
Hamster	Richtet sich auf und bläst die Backen auf	„Pass bloß auf!“	
	Legt sich auf den Rücken mit gespreizten Beinen und klappert mit den Zähnen	Angst und Stress	
	Richtet den Schwanz auf	„Ich habe Lust, was zu spielen!“	
Meer-schweinchen	Quiekt, wenn es dich sieht	„Toll, dich zu sehen!“	
	Spritzt Harn ab	„Vorsicht! Mit mir ist nicht zu spaßen!“	
	Stupst dich mit dem Kopf	„Ich will gestreichelt werden!“	
	Berühren sich gegenseitig beim Laufen	„Wir gehören zusammen!“	
Vögel	Schnäbeln	Kuss der Vögel	
	Putzen sich gegenseitig	„Wir mögen uns!“	
	Steckt den Kopf in das Gefieder	„Ich fühl mich wohl“	
	Aufplustern	„Mir ist kalt!“ – „Ich fühl mich krank!“	
	Spreizt die Flügel ab	„Mir ist heiß!“ – „Pass bloß auf!“	
	Schüttelt den Kopf	„Pfui Teufel!“	
Fische	Kopfstand	„Schau, wie toll ich bin!“	
	Wird plötzlich blass	Angst, plötzliches Erschrecken	
	Haben Hautkontakt	„Wir mögen uns!“	

Tiere der Wildnis

Neue Bildungen, der Natur vorgeschlagen

Der Ochsenspatz
Die Kamelente
Der Regenlöwe
Die Turtelunke
Die Schoßeule
Der Walfischvogel
Die Quallenwanze
Der Gürtelstier
Der Pfauenochs
Der Werfuchs
Die Tagtigall
Der Sägeschwan
Der Süßwassermops
Der Weinpintscher
Das Sturmspiel
Der Eulenwurm
Der Giraffenigel
Das Rhinozepony
Die Gänseschmalzblume
Der Menschenbrotbaum

Christian Morgenstern

Inhalt

Ein Tierfilmer erzählt

Jan freut sich, dass sein Vater heute von seiner Arbeit als Tierfilmer erzählt. Im Klassenzimmer ist es mucksmäuschenstill. Herr Schnell berichtet von seiner letzten Expedition nach Australien: „Die Tiere in der australischen Steppe sind sehr scheu. Um sie beobachten zu können, verkleidete ich mich als Känguru und hüpfte mit meiner Kamera herum. So kam ich ganz nah an Emus, Dingos und Ameisenigel heran.“ Die Kinder lachen. „Ja, das war lustig“, sagt Herr Schnell, „aber dann traf ich ein Riesenkänguru-Männchen. Es wollte mich aus seinem Revier vertreiben. Kängurus sind gute Ringkämpfer. Wenn ich nicht laut geschrien hätte, hätten wir vielleicht miteinander geboxt.“

Wilde Tiere sind oft sehr scheu. Sie fliehen, wenn sie merken, dass sie beobachtet werden. Deshalb muss ein Tierfilmer erfinderisch sein. Entweder baut er sich einen Unterschlupf, den er mit Reisig und Blättern tarnt, oder er verkleidet sich als eines der Tiere.

Braunbären sind Allesfresser. Im Sommer fressen sie sich einen Fettvorrat an. Den Winter verbringen sie meist schlafend in Höhlen. Sie leben hauptsächlich in Nordamerika und Asien.

Der Eisbär lebt in den Regionen rund um den Nordpol. Er ist ein Jäger und ernährt sich hauptsächlich von Robben.

Der Jaguar lebt vor allem im südamerikanischen Regenwald. Er ist die größte Raubkatze und sehr selten.

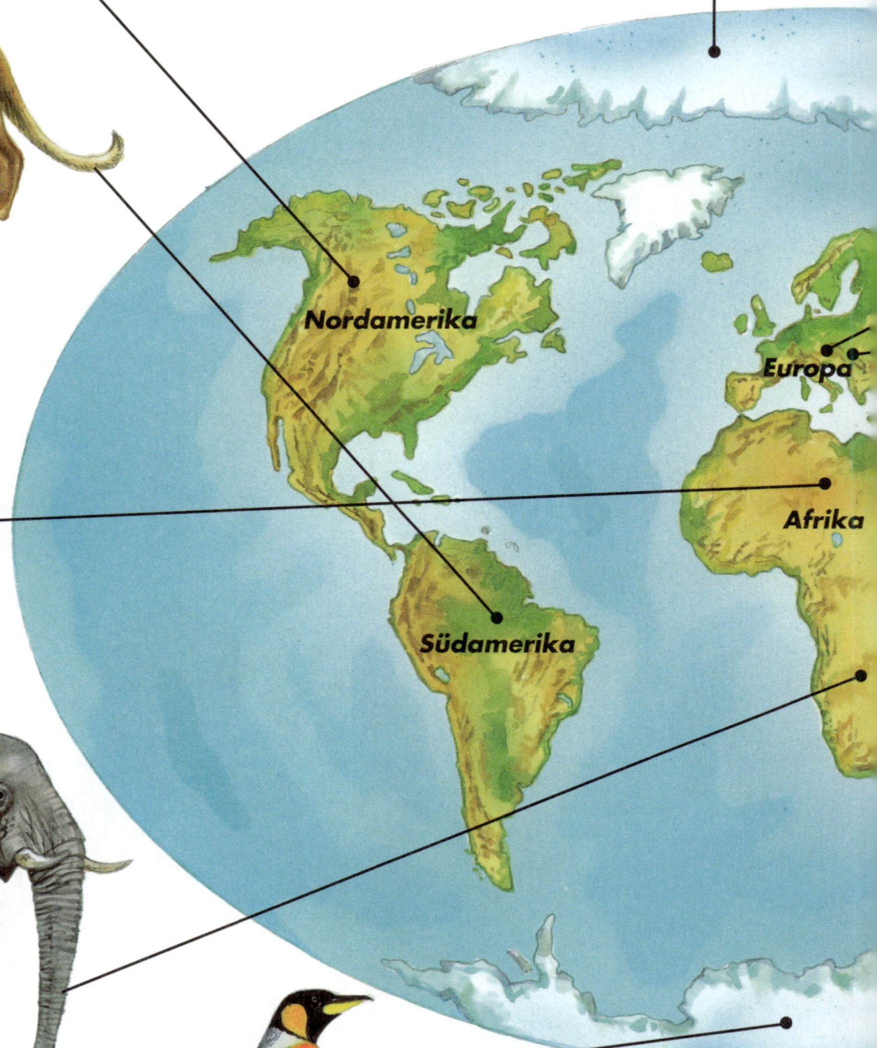

Der Wüstenfuchs wird auch Fennek genannt. Mit seinen großen Ohren hört er leise Geräusche über weite Entfernungen.

Der afrikanische Elefant mit seinen großen Ohren und den prächtigen Stoßzähnen ist das größte auf dem Land lebende Tier.

Der prächtige Kaiserpinguin lebt wie alle Pinguine nur im südlichen Polargebiet. Mit den kurzen, breiten Flügeln kann er nicht fliegen; als Flossen sind sie sehr nützlich.

Wo lebt welches Tier?

Jans Vater war fast überall auf der Welt, um wilde und vor allem seltene Tiere zu filmen.

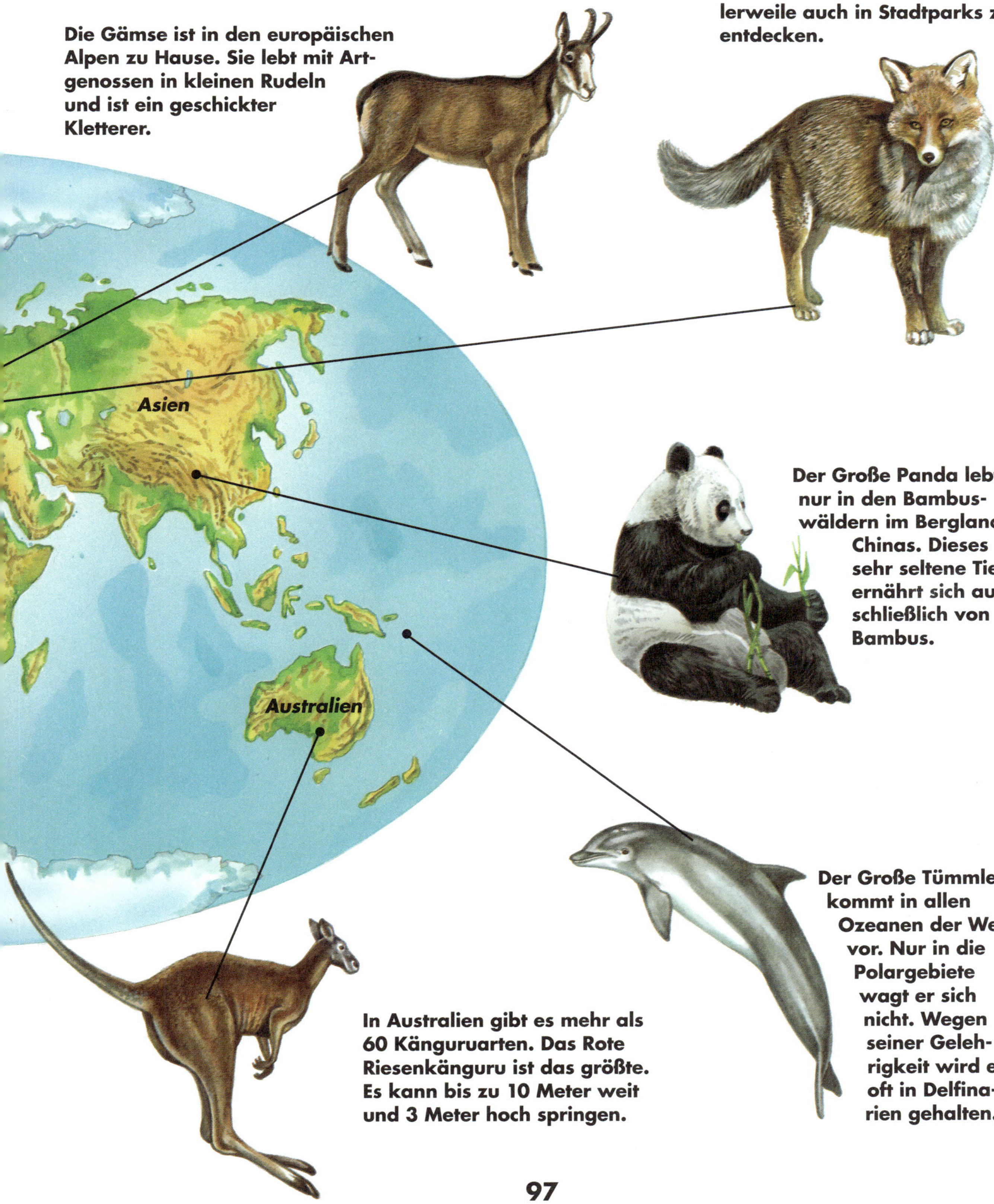

Die Gämse ist in den europäischen Alpen zu Hause. Sie lebt mit Artgenossen in kleinen Rudeln und ist ein geschickter Kletterer.

Der Rotfuchs ist in ganz Europa verbreitet. Er bewohnt Waldränder und Felder und ist mittlerweile auch in Stadtparks zu entdecken.

Der Große Panda lebt nur in den Bambuswäldern im Bergland Chinas. Dieses sehr seltene Tier ernährt sich ausschließlich von Bambus.

Der Große Tümmler kommt in allen Ozeanen der Welt vor. Nur in die Polargebiete wagt er sich nicht. Wegen seiner Gelehrigkeit wird er oft in Delfinarien gehalten.

In Australien gibt es mehr als 60 Känguruarten. Das Rote Riesenkänguru ist das größte. Es kann bis zu 10 Meter weit und 3 Meter hoch springen.

Die männlichen Hirsche werfen ihr prächtiges Geweih im März ab.

Hasen haben längere Ohren und kräftigere Hinterbeine als Kaninchen. Auf der Flucht schlagen sie Haken.

Füchse entfernen sich oft bis zu 10 Kilometer von ihrem Bau. Sie jagen kleine Nagetiere und Vögel, fressen aber auch Regenwürmer und Beeren. Für schlechte Zeiten vergraben sie Vorräte.

Dachse halten sich tagsüber in ihren Erdbauten auf. Abends gehen die Allesfresser auf Nahrungssuche.

Wildschweine nehmen gern Schlammbäder und reiben sich danach an einem Baumstamm ab.

Im Wald

„Im Winter ist es oft bitterkalt bei uns", sagt Herr Schnell. „Aber die Tiere wissen sich gut vor der Kälte zu schützen. Größere Säugetiere wie Hasen oder Dachse bekommen im Herbst ein dickeres Fell. Igel suchen sich einen geschützten Platz und fallen in eine Winterstarre. Vielen Vögeln ist es im Winter zu kalt bei uns. Sie ziehen in den warmen Süden."

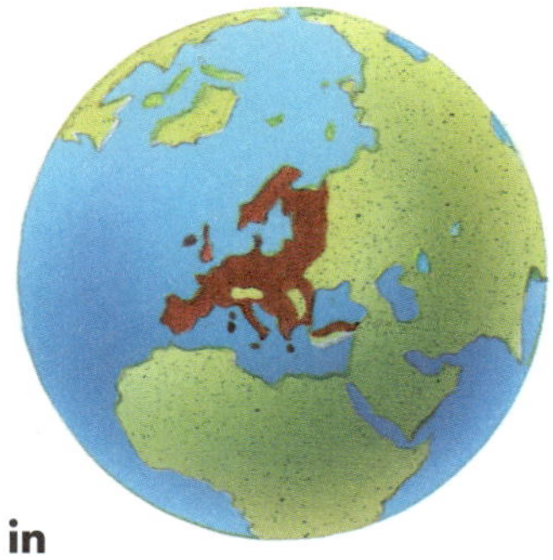

Große Flächen in Mittel- und Nordeuropa sind mit Wäldern bedeckt.

Wölfe leben den Sommer über in Familiengruppen. Das Weibchen zieht die Welpen auf, der Rüde beschafft die Nahrung. Im Winter schließen sie sich zu großen Rudeln mit ausgeprägter Rangordnung zusammen. Dann jagen sie Hirsche, Rentiere und Elche. Vom Wolf stammt unser Haushund ab.

Elche leben in den ausgedehnten Waldgebieten im Norden. Auch in Sumpf- und Moorgebieten bewegen sie sich ohne Schwierigkeiten fort, da sie ihre Hufe weit spreizen können. Sie sind gute Schwimmer und können ganze Seen durchqueren. Mit den Oberlippen können Elche geschickt Zweige und Äste abzupfen. Die männlichen Elche haben schaufelartige Geweihe.

Bis zu 2,20 Meter kann die Flügelspannweite eines Steinadlers sein. Der große Greifvogel packt seine Beute mit den scharfen Krallen und reißt mit dem Hakenschnabel Stücke heraus.

Gämsen stoßen lang gezogene Pfiffe aus, wenn ihnen Gefahr droht.

Die Augen des Luchses sind so scharf, dass er eine Maus noch in 75 Meter Entfernung erkennt. Er schleicht sich an seine Beute, auch Rehe, bis auf wenige Meter heran, um sie dann anzuspringen.

Im Winter sind Alpenschneehühner ganz weiß, im Sommer braun gefleckt. Im Frühling lockt das Männchen die Weibchen mit wildem Balzflug an.

Die Bergwelt

„Je höher man ins Gebirge kommt, umso mehr verändert sich die Natur. Die Wälder werden immer lichter, denn nur wenige Nadelhölzer wachsen in großen Höhen. Oberhalb der Baumgrenze leben kaum noch Pflanzen und Tiere“, erzählt Herr Schnell. „Einmal filmten wir junge Steinadler in ihrem Horst. Das Nest lag unzugänglich auf dem Vorsprung einer Felswand. Um es filmen zu können, mussten wir uns von der Bergspitze abseilen. Das ging aber nur, wenn die Altvögel auf Futtersuche waren.“

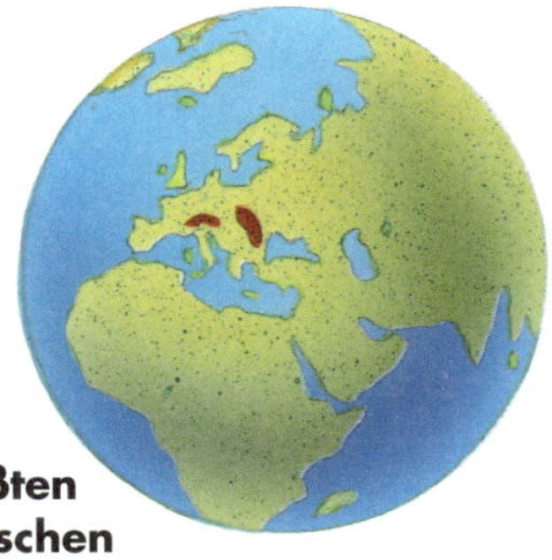

Die größten europäischen Gebirge sind die Alpen, die Pyrenäen, die Karpaten und der Ural. Sie erreichen Höhen von über 4000 Metern. Auf kurze Sommer folgen lange, schneereiche Winter. Neben viel Regen und Wind gibt es schnelle Temperaturwechsel.

Murmeltiere leben an sonnigen Gebirgshängen. Während die anderen Familienmitglieder fressen, hält immer eines Wache. Es pfeift bei Gefahr.

Steinböcke findet man in Höhen bis zu 3500 Meter. Sie lieben felsiges Gelände und bewegen sich selbst an steilen Abhängen sicher. Die Böcke tragen einen Kinnbart und nach hinten gekrümmte Hörner. Die Hörner der Weibchen sind deutlich kürzer.

Das Gebiss einer Hyäne ist so stark, dass sie damit sogar Knochen durchbeißen kann.

Bei den Löwen übernehmen meist die Löwinnen die Jagd. Trotzdem darf das stärkste Männchen zuerst fressen.

Wegen ihres hundeähnlichen Kopfes werden Paviane auch Hundsaffen genannt. Tagsüber suchen sie am Boden nach Nahrung, nachts verziehen sie sich auf ihre Schlafbäume.

Die bis zu 6 Meter hohen Giraffen müssen beim Trinken die Vorderbeine weit spreizen, um sich zum Wasser hinabbeugen zu können. Die Gefahr, von einem Krokodil angegriffen zu werden, ist groß!

Elefanten leben in Herden von 10 bis 20 Tieren. Sie werden von einer erfahrenen Elefantenkuh angeführt. Mit ihrem Rüssel riechen Elefanten nicht nur, sondern sie tasten auch damit und reißen Blätter von den Bäumen. Die bis zu 3 Meter langen Stoßzähne werden als Werkzeuge eingesetzt.

Flusspferdbabys kommen unter Wasser zur Welt. Zum Atmen hilft ihnen die Mutter an die Wasseroberfläche. Fast ein Jahr werden die Kleinen unter Wasser gesäugt.

Die afrikanische Savanne

„Waren Sie auch schon mal in Afrika?“, will Kai wissen. Als Herr Schnell nickt, bedrängen ihn die Kinder. „Bitte erzählen Sie! Haben Sie auch Löwen gesehen?“ „Löwen sind leicht zu beobachten, weil sie sich tagsüber gerne an ihren Stammplätzen ausruhen“, erzählt er. „Viel gefährlicher sind Nashörner oder Flusspferde. Wenn die sich gestört fühlen, greifen sie sofort an. Einmal versuchte ich von meinem Auto aus Gazellen zu fotografieren und bemerkte nicht, dass ich auf einem Pfad stand, den eine Nashornmutter und ihr Junges jeden Tag benutzten. Das Nashorn nahm Anlauf und versuchte mein Auto umzuwerfen. Wir entkamen nur, weil der Fahrer schnell genug Gas gab!“

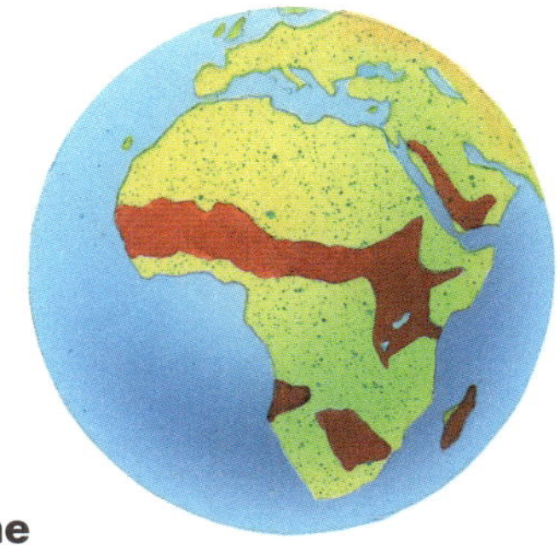

In der Savanne gedeihen nur Gräser und wenige Bäume. Die Sommer sind feucht und heiß, die Winter trocken und warm. In der Trockenzeit wandern die Tiere zu den wenigen Stellen, an denen es Wasser gibt.

Das unbehaarte Gesicht der Schimpansen kann Freude, Trauer und Zorn ausdrücken. Diese Menschenaffen sind sehr klug und benützen sogar Werkzeuge, um an Insekten und Früchte heranzukommen.

Mit 110 km/h Spitzengeschwindigkeit sind die Geparden die schnellsten Säugetiere der Welt. Dieses Tempo können sie nur kurz durchhalten. Waren sie erfolglos, müssen sie lange ausruhen, bis sie wieder lossprinten können.

Dromedare können sehr lange ohne Nahrung und Wasser auskommen, weil sie in ihren Höckern Fett speichern. Die langen Wimpern schützen ihre Augen vor Sand und die breiten Hufe verhindern, dass die Tiere im Sand versinken.

Die Oryxantilope gehört zu den schönsten Antilopen. Männchen und Weibchen tragen Hörner, die wie Spieße aussehen. Deshalb werden sie auch Spießböcke genannt.

Im Stachel des Riesenskorpions sitzt Gift. Doch diese Tiere sind sehr scheu und stechen nur, wenn sie bedroht werden. Das Weibchen trägt die durchsichtigen Jungen nach dem Schlüpfen auf dem Rücken.

Die bis zu 90 Zentimeter lange Sandotter ist für den Menschen sehr giftig. Sie gräbt sich tief in den kühlen Sand ein. Während sie nach einem Beutetier schnappt, richten sich ihre Giftzähne im Maul auf.

Große Wüsten – die Sahara

„Papa, erzähl uns über die Wüste!“, bittet Jan. „Da gibt es doch außer Dromedaren und Skorpionen keine anderen Tiere“, behauptet Steffi. „Das meinen viele“, sagt Herr Schnell. „Alle stellen sich unter der Wüste immer nur hohe Sanddünen vor. Es gibt aber Gesteinswüsten und Schotterwüsten mit Salzseen. In Bergwüsten können sich Täler bei Regen in reißende Flüsse verwandeln. Überall gibt es Oasen, die aus unterirdischen Seen ihr Wasser beziehen. Die Tiere dort haben sich an ihre wasserarme Umgebung angepasst. Manchen reicht der Tau der Nacht, um zu überleben.“

In Wüsten wie der Sahara gibt es kaum Wasser. Dort überleben nur Pflanzen, die Wasser speichern können. Tagsüber ist es sehr heiß, nachts wird es eiskalt. Es regnet fast nie.

In Prärien und Wüsten der südlichen USA leben Klapperschlangen. Wenn sich diese Giftschlangen bedroht fühlen, rasseln sie mit ihrer Schwanzklapper aus Hornringen.

Mit seinen großen Ohren hört der Fennek jedes Geräusch. Der kleine Wüstenfuchs schläft am Tag und geht nachts auf Jagd.

Wüstenspringmäuse gehören zu den Rennmäusen. Nachts hüpfen sie wie kleine Kängurus über den Sand.

Die Gila-Krustenechse in den USA und die Skorpion-Krustenechse aus Mexiko sind die beiden einzigen giftigen Echsenarten der Welt. Sie werden etwa 60 Zentimeter lang und sind nur nachts unterwegs.

Obwohl Braunbären Raubtiere sind, fressen sie auch Beeren und Gräser. Mit den Krallen fangen sie geschickt Fische. Im Winter ziehen sich die Bären zur Winterruhe zurück. In dieser Zeit gebären die Weibchen ihre Jungen.

Früher zogen riesige Bisonherden über die Prärie. Sie waren die wichtigste Jagdbeute der Indianer. Doch die weißen Siedler rotteten die Tiere fast vollständig aus. Heute leben wieder 50 000 dieser Tiere in Naturschutzparks.

Wälder und Prärien Nordamerikas

„Ich habe schon mal ein Stinktier fotografiert!“, sagt Paul und zeigt stolz ein Foto herum. „Wir waren nämlich letztes Jahr in den USA im Urlaub.“ Lea schaut sich Pauls Foto als Erste an. Es ist ziemlich verwackelt. Eigentlich sieht man nur einen schwarzweißen, buschigen Schwanz, der drohend in die Höhe gerichtet ist. „Das ist ja ganz unscharf“, meint sie. „Wetten, du hättest das Stinktier überhaupt nicht fotografiert“, wehrt sich Paul. „Es war nämlich ziemlich sauer, weil ich ihm zu nah kam. Es drehte sich um, um mir seine stinkende Abwehrflüssigkeit ins Gesicht zu spritzen. Trotzdem habe ich das Foto beim Wegrennen gemacht!“

Der Norden Amerikas ist von dichten immergrünen Nadelwäldern bedeckt. Hier leben sehr viele Tierarten. Die Sommer sind feucht und kühl, die Winter sehr lang, kalt und schneereich.

Das Streifenstinktier besitzt am Hintern eine Stinkdrüse, in der eine übel riechende Flüssigkeit gebildet wird. Fühlt sich das Tier angegriffen, dreht es sich um und spritzt die Flüssigkeit dem Feind direkt ins Gesicht.

Der Weißkopfseeadler ist der Nationalvogel der USA. Er hat kräftige Greiffüße und einen Hakenschnabel. Seine Flügelspannweite beträgt über 2 Meter. Weil dieser prächtige Greifvogel sehr selten geworden ist, werden seine Horste während der Brutzeit von Naturschützern bewacht.

Pumas oder Berglöwen sind Einzelgänger. Sie leben sehr zurückgezogen in großen Revieren und jagen Hasen, Hirsche und am Boden lebende Vögel.

Der Schnabel eines Tukans ist länger als sein Körper. Trotzdem ist er sehr leicht, weil er innen hohl ist. Mit ihm zerteilt der Vogel große Früchte.

Faultiere machen alles sehr langsam. Weil sie oft wochenlang fast regungslos herumhängen, wachsen sogar Pflanzen auf ihrem Fell.

Die Anakonda gehört zu den Riesenschlangen. Sie kann über 9 Meter lang werden und erwürgt ihre Beute, bevor sie sie im Ganzen verschlingt.

In kleinen Familiengruppen durchstreift der Jaguar sein großes Revier. Er ist die größte Raubkatze Amerikas.

Der südamerikanische Regenwald

„Weiß jemand von euch, in welchem Lebensraum der Erde die meisten Tierarten leben?“, fragt Herr Schnell. Die Kinder haben keine Ahnung. „In den tropischen Regenwäldern leben mehr Pflanzen und Tiere als irgendwo anders“, erklärt er. „Im Regenwald gibt es auch die giftigen Pfeilgiftfrösche“, weiß Tobias. „Das Gift eines kleinen Froschs reicht aus, um große Tiere zu töten. Manche Indianerstämme tauchen ihre Pfeile in das Gift, bevor sie auf die Jagd gehen!“

Im tropischen Regenwald regnet es fast jeden Tag. Bäume und Pflanzen wachsen sehr schnell. Leider werden die Wälder immer noch abgeholzt, sodass das größte Urwaldgebiet der Erde bedroht ist.

Die leuchtend blauen Morphofalter haben sehr lange Saugrüssel. Sie gebrauchen sie wie Strohhalme, um den Nektar aus den Blüten zu saugen.

Kaimane sind mit den Krokodilen verwandt und kommen nur in Amerika vor. Sie ernähren sich von Fischen und Säugetieren, die sich ans Wasser wagen.

Tapire sind friedliche Tiere. Sie sind nachts unterwegs, um große Mengen an Früchten und Blättern zu fressen.

Das Gürteltier hat einen Panzer aus Knochenplatten. Bei Gefahr rollt es sich zu einer Kugel zusammen, die kein Feind knacken kann.

Der größte australische Vogel ist der Emu. Wie sein afrikanischer Verwandter, der Strauß, kann er nicht fliegen. Nach der Eiablage überlassen die Weibchen den Männchen die Aufzucht der Jungen.

Das Rote Riesenkänguru hat mehrere Möglichkeiten, um sich gegen Feinde zur Wehr zu setzen: Es kann boxen, ringen oder sich auf seinen Schwanz aufstützen und mit den Hinterbeinen ausschlagen.

Dingos sind verwilderte Hunde. In Rudeln jagen sie Beuteltiere und greifen auch Schafherden an.

Der australische Busch

„Warum gibt es eigentlich in Australien Tiere, die sonst nirgendwo auf der Welt leben?“, fragt Aisha.

„Vor tausenden von Jahren hat sich Australien von den anderen Kontinenten abgespalten“, erklärt Herr Schnell. „Es kamen keine anderen Arten nach Australien, mit denen sich die Tiere und Pflanzen dort vermischen konnten oder die sie verdrängt hätten. Erst als vor etwa 200 Jahren die Europäer mit Schafen, Kaninchen und Hunden in Australien ankamen, gelangten zum ersten Mal fremde Tierarten auf diesen Kontinent.“

In großen Teilen Australiens regnet es kaum. Trotzdem gibt es im australischen Busch viele Tiere, die in dem wüstenartigen Klima genügend Nahrung und Wasser zum Überleben finden.

Die Jungen von Beuteltieren – wie hier das kleine Känguru – werden zweimal geboren. Zuerst wandern sie winzig klein in den Bauchbeutel der Mutter und saugen sich an einer Zitze fest. Nach einigen Monaten sind sie groß genug und verlassen den Beutel. Das ist ihre zweite Geburt.

Der Koalabär ist kein Bär, sondern ebenfalls ein Beuteltier. Er frisst ausschließlich die Blätter bestimmter Eukalyptusbäume. „Koala“ bedeutet in der Eingeborenensprache „der, der nie trinkt“. Um zu überleben, schleckt er den Tau ab, der auf den Eukalyptusblättern liegt.

Die einzigen Säugetiere, die Eier legen, sind Schnabeltier und Schnabeligel. Schnabeltiere besitzen einen Entenschnabel, einen Biberschwanz und Schwimmhäute.

Der Orang-Utan verlässt die Bäume im Dschungel Indonesiens nur, um etwas zu trinken. Abends baut er sich in einer Astgabel ein Schlafnest. Mit bis zu 90 Kilogramm ist er das schwerste Säugetier, das auf Bäumen lebt!

Im Gegensatz zu den afrikanischen Elefanten tragen bei den asiatischen nur die Bullen Stoßzähne. Sie sind insgesamt kleiner und haben auch kleinere Ohren.

Dschungel und Sümpfe in Südostasien

Shanti kommt aus Indien. Fast jedes Jahr reist sie mit ihren Eltern in ihre Heimat. „Meine Verwandten wohnen in einem kleinen Dorf mitten im Dschungel“, erzählt sie. „Rund um das Dorf ist ein hoher Zaun. Der schützt die Dorfbewohner vor Schlangen, aber auch vor Tigern, die immer wieder in die Gegend kommen. Nur die Arbeitselefanten leben draußen vor dem Dorf. Die Tiger nehmen sich in Acht vor ihnen, weil sie wissen, dass sie sehr angriffslustig sind – besonders, wenn sie Junge haben.“

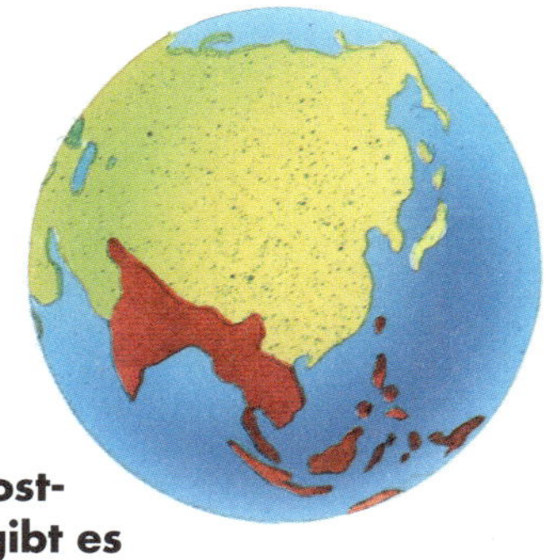

In Südostasien gibt es viele Regenwälder, aber auch Sümpfe und Bambuswälder. Die Temperaturen sind Sommer wie Winter fast gleich hoch. Es ist feuchtheiß und regnet viel.

Sein gestreiftes Fell macht den Tiger im Dschungel fast unsichtbar. Die größte aller Raubkatzen benötigt täglich etwa 15 Kilogramm Fleisch. Zum Fressen schleppt der Tiger seine Beute an einen geschützten Platz.

Pandas leben in den chinesischen Bergwäldern. Sie ernähren sich fast nur von den Blättern und Trieben der Bambuspflanze. Um satt zu werden, müssen sie täglich bis zu 14 Stunden fressen. Weil immer mehr Bambuswälder gerodet werden, finden die Pandas nicht mehr genug zu fressen und sind deshalb bedroht.

Das Javanashorn besitzt wie das indische Panzernashorn nur ein Horn. Es gibt nur noch etwa 60 Tiere dieser Art. Die Tiere sind deshalb geschützt.

Eisbären sind hervorragende Schwimmer. Sie tragen zwischen ihren Zehen sogar Schwimmhäute. Bei der Jagd auf Seerobben können sie bis zu 2 Minuten tauchen. Eine dicke Fettschicht schützt sie vor dem eiskalten Wasser. Eisbärenbabys kommen in Schneehöhlen zur Welt.

Die Männchen der Narwale tragen ein bis zu 3 Meter langes Horn an ihrem Kopf. Es ist der verlängerte obere Schneidezahn.

Der Polarfuchs hat nur kleine Ohren, damit über sie nicht zu viel Körperwärme verloren geht.

Arktis und Antarktis

Jans Vater hat eine Kühltasche mitgebracht. „Bevor ich euch nun über die beiden kältesten Regionen der Welt erzähle“, verkündet er, „wollen wir uns erst auf das kalte Klima einstellen.“ Er öffnet die Kühltasche und verteilt an jedes Kind ein Eis. „Diese Gegend der Welt gefällt mir am besten!“, sagt Steffi. „Stimmt es eigentlich, dass Eisbären sich von Pinguinen ernähren?“, fragt sie. „Da hat dir jemand einen Bären aufgebunden“, antwortet Herr Schnell. „Eisbären leben nur am Nordpol, Pinguine kommen nur am Südpol vor. Die beiden Tierarten können sich also gar nicht in freier Wildbahn begegnen.“

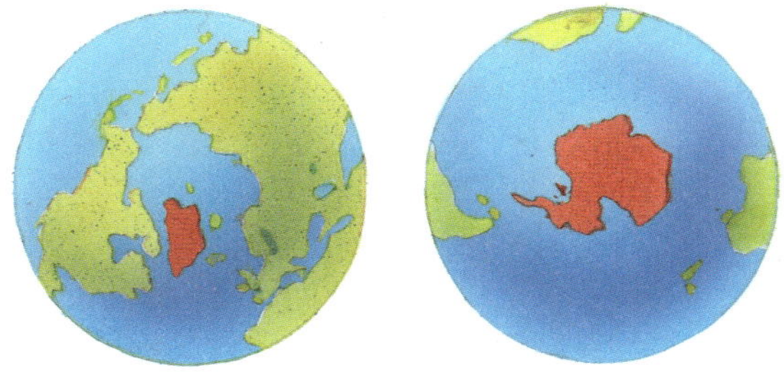

Die Polargebiete sind die kältesten Regionen der Welt. Der Nordpol wird auch Arktis genannt und umfasst ein riesiges gefrorenes Meer, das von mit Schnee und Eis bedecktem Land umgeben ist.

Das Kaiserpinguinmännchen hat 2 Monate lang das Ei ausgebrütet. Jetzt wartet es auf die Rückkehr des Weibchens, das das Junge füttern wird. Dann geht das Männchen auf Nahrungssuche, während das Weibchen ihr Junges wärmt.

Die Sattelrobbe gehört zu den Hundsrobben. Weil sie sich an Land nur unbeholfen fortbewegen kann, lebt sie die meiste Zeit im Wasser.

Die Eckzähne des Walrosses sind riesige Hauer. Sie helfen beim Ausgraben von Muscheln und werden bei Revierkämpfen als Waffe eingesetzt.

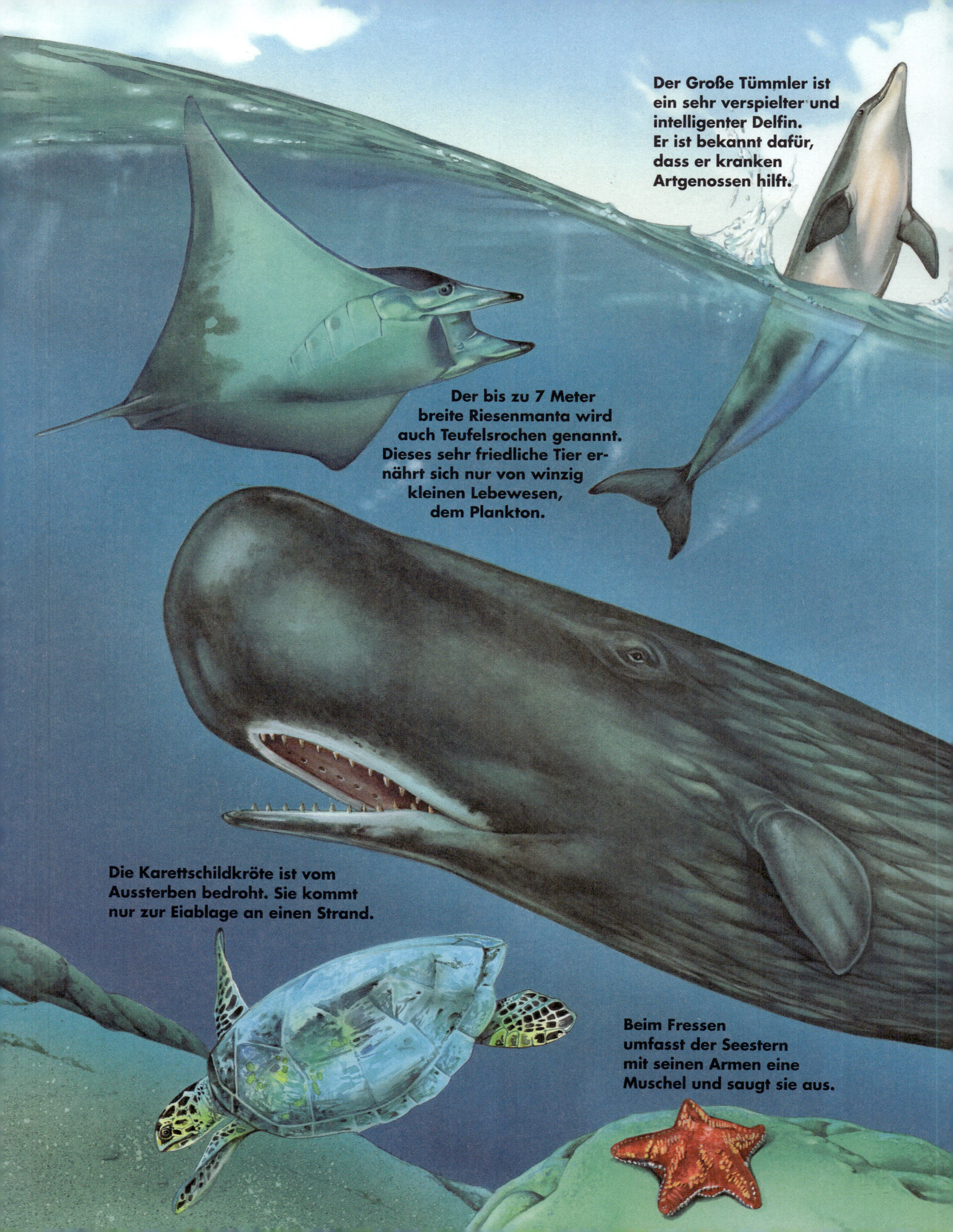

Der Große Tümmler ist ein sehr verspielter und intelligenter Delfin. Er ist bekannt dafür, dass er kranken Artgenossen hilft.

Der bis zu 7 Meter breite Riesenmanta wird auch Teufelsrochen genannt. Dieses sehr friedliche Tier ernährt sich nur von winzig kleinen Lebewesen, dem Plankton.

Die Karettschildkröte ist vom Aussterben bedroht. Sie kommt nur zur Eiablage an einen Strand.

Beim Fressen umfasst der Seestern mit seinen Armen eine Muschel und saugt sie aus.

Ozeane und Meere

Der Vormittag mit Herrn Schnell vergeht wie im Flug. Die Kinder aus Jans Klasse hätten am liebsten jeden Tag so spannenden Unterricht. „Eigentlich sind wir jetzt um die ganze Erde gereist!“, stellt Lukas fest. „Nur die Wassertiere fehlen uns noch“, meint Kai. „Da habt ihr Recht“, sagt Jans Vater. „Über die größten Flächen der Erde habe ich gar nichts erzählt. Schließlich sind zwei Drittel der Erde mit Wasser und nicht mit Land bedeckt. Weite Teile der Meere und Ozeane sind noch nicht erforscht worden. Wer weiß – vielleicht wird jemand von euch einmal Meeresforscher und kann dann Kindern von der Welt unter Wasser berichten?“

Kalte und warme Meeresströmungen beeinflussen das Wetter und die Temperaturen auf der Erde. Auch die Pflanzen- und Tierwelt unter Wasser passt sich diesen Verhältnissen an.

Nur wenige der 200 Haiarten, wie zum Beispiel der Weiße Hai, können dem Menschen gefährlich werden. Haie haben mehrere Reihen Zähne, die immer wieder nachwachsen.

Die bis zu 60 Zentimeter langen, prächtigen Kaiserfische leben in der Nähe von Korallenbänken in warmen tropischen Meeren.

Der größte aller Zahnwale ist der Pottwal. Er kann bis zu 1000 Meter tief tauchen und über eine Stunde unter Wasser bleiben.

Bei den Seepferdchen bringt der Vater die Kinder zur Welt. Die Mutter legt nur die Eier in die Bauchtasche des Vaters. Der klammert sich mit seinem Ringelschwanz an eine Alge und wartet, bis einen Monat später die Jungen ausschlüpfen.

Lies mal weiter!

Tierforscher schätzen, dass es etwa 1,5 Millionen verschiedene Tierarten gibt. Jede Tierart kann auf ihre Art Unglaubliches leisten. Wusstest du zum Beispiel, dass ein Windhund fast so schnell rennen kann wie ein Gepard? Oder dass ein Esel 100 Jahre alt werden kann? Hier erfährst du noch mehr über außergewöhnliche Tiere.

Chamäleons sind normalerweise eher unauffällig gefärbt. Je nach Stimmung können sie jedoch ihre Farbe wechseln und plötzlich ganz hell oder dunkel werden. Ihre vorstehenden Augen können sich unabhängig voneinander bewegen. Mit ihrer Schleuderzunge, die fast so lang ist wie sie selbst, „schießen" sie ihre Beute von den Zweigen.

Der einzige Vogel, der rückwärts fliegen kann, ist der **Kolibri**. Mit bis zu 78 Flügelschlägen in der Sekunde kann er wie ein Hubschrauber vor den Blüten in der Luft stehen bleiben und mit seinem langen Schnabel Nektar daraus trinken. Der kleinste Kolibri ist die Bienenelfe aus Kuba. Er ist nur 6 Zentimeter lang und somit der kleinste Vogel der Welt. Es gibt insgesamt rund 340 Kolibriarten. Sie leben alle in Nord-, Mittel- oder Südamerika.

Kaum zu glauben, dass dieser nur 60 Zentimeter große **Riesengleitbeutler** bis zu 100 Meter durch die Luft segeln kann. Dieses Beuteltier, das mit den Koalas verwandt ist, besitzt zwischen Ellenbogen und Knie eine Flughaut, mit der er von Baum zu Baum gleiten kann. Er ernährt sich von Pollen, Früchten und Nektar.

Diese farbenprächtige **Rotknievogelspinne** gehört zu den schönsten Spinnen. Sie lebt in weiten Teilen Mexikos in selbst gegrabenen oder natürlichen Wohnhöhlen.

Nachts geht sie auf Beutefang. Sie lauert ihren Opfern – Heuschrecken oder andere Insekten – auf Büschen und Bäumen auf und tötet sie mit ihren Giftklauen.

Die afrikanischen **Wanderheuschrecken** sind sehr gefürchtet. Alle paar Jahre bilden sie große Schwärme und ziehen zu hunderttausenden über das Land. Dabei fressen sie Felder und Bäume in Minutenschnelle völlig kahl. Wanderheuschrecken haben schon manche Hungersnot ausgelöst. Ein Schwarm kann 250 Kilometer lang und 20 Kilometer breit werden.

Gorillas leben im Herzen Afrikas in festen Familienverbänden. Einige Weibchen und ihre Jungen werden vom kräftigsten Tier, dem „Silberrückenmännchen", angeführt. Diese größten aller Menschenaffen verständigen sich durch eine eigene Sprache.

Galapagos **Riesenschildkröten** gab es schon zur Zeit der Dinosaurier. Außer den Menschen haben sie keine Feinde. Ihr Knochenpanzer, in den sie Kopf und Gliedmaßen einziehen können, schützt sie. Diese größte aller Schildkröten kann bis zu 250 Kilogramm schwer und bis zu 150 Jahre alte werden. Sie legt ihre Eier in ein selbst gegrabenes Erdloch und lässt sie von der Sonne ausbrüten. Wenn die Jungen schlüpfen wiegen sie nur etwa 80 Gramm.

1938 fing ein südafrikanischer Fischer den ersten **Quastenflosser**. Bis dahin glaubte man, dass diese Urzeitfische

schon seit 65 Millionen Jahren ausgestorben seien. Vielleicht ist der Fisch oder einer seiner nahen Verwandten ein Urahne der ersten Amphibien. Quastenflosser leben in etwa 200 Meter Tiefe in Höhlen.

Warane gehören zu den Kriechtieren. Wie die Schlangen haben sie eine gespaltene Zunge. Damit spüren sie ihre Beute auf. Der Komodowaran ist der größte aller Warane. Er lebt nur auf der Insel Komodo in Indonesien und wird 3 bis 4 Meter lang. Er frisst Vögel, andere Kriechtiere und auch Säugetiere bis zur Größe einer Ziege.

Das afrikanische **Spitzmaulnashorn** lebt sowohl in der offenen Savanne als auch im dichten Busch. Es verfügt über ein zugespitztes Maul, mit dem es ausgewählte Blätter und Zweige pflücken kann. Dieses Tier kann 40 Jahre alt werden. Leider wird es wegen seines Nasenhorns stark bejagt, sodass es heute nur noch etwa 2000 davon gibt.

MENSCH UND TECHNIK

Mein großes Wissensbuch

Teil 2

Inhalt

Teil 2: Mensch und Technik

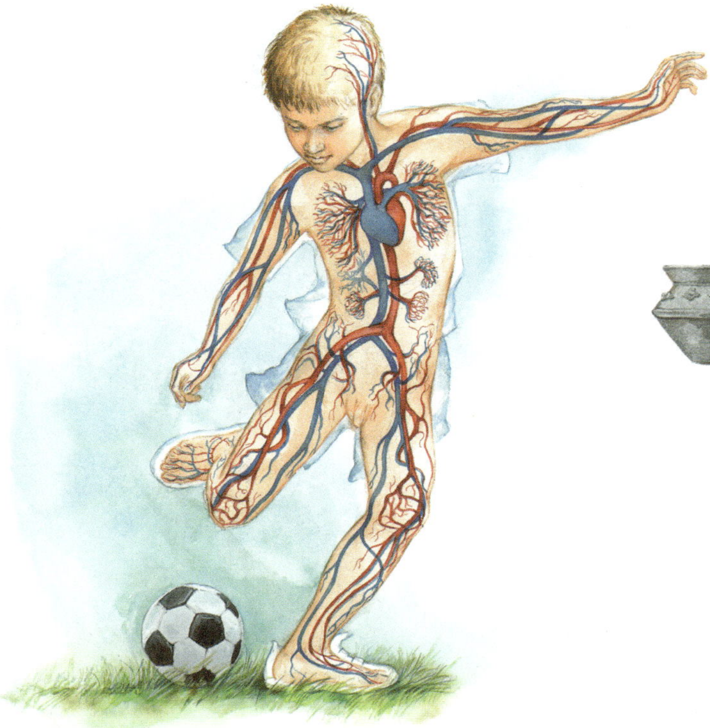

Autos und Lastwagen

Inhalt

Der Scraper oder Planierpflug trägt eine dünne Erdschicht ab und transportiert sie in die Transportmulde. Dort wird sie zerkleinert, mit einem Schieber wieder auf die Straße geschüttet und mit den Hinterrädern verdichtet.

Der obere Teil des Löffelbaggers kann sich rundherum drehen. Der Löffel ist schwenkbar und kippt die aufgeschaufelte Erde wieder ab.

Von der Kippbrücke eines Vierachsers wird das Mischgut in den Aufnahmebehälter des Asphaltfertigers geschüttet. Mit der Maschine wird der Straßenbelag dann heiß und gleichmäßig auf die Fahrbahn aufgetragen.

Straßenbaufahrzeuge

„Fabian, Daniel, wir wollen losfahren. Bringt Knuffel doch endlich in das Auto!“, ruft die Mutter. Die Zwillinge locken ihren Hund in den Hundekorb im Kofferraum. Knuffel ist beleidigt. Er möchte viel lieber bei den Jungen auf der Rückbank sitzen. Eine halbe Stunde später steht die Familie im Stau.

„Wann sind wir endlich da?“, quengelt Daniel. Da entdeckt Fabian eine Baustelle. „Schau mal, wie riesig das Fahrzeug da unten ist“, sagt er. „Das ist doch ein Scraper“, belehrt ihn Daniel. „Die Maschine wird für die Untergrundarbeiten beim Straßenbau benötigt.“

So wird eine Straße gebaut

Zunächst werden Bäume, Büsche und die oberste Erdschicht entfernt. Dann wird die Fläche eingeebnet und mit großen Walzen verdichtet. Um den Straßenuntergrund vorzubereiten, bringen Kipplaster große Mengen Schotter, der von Planiermaschinen gleichmäßig verteilt und verdichtet wird. Darauf kommt die Asphaltdecke, die nochmals festgewalzt wird.

Die Planierwalze hat in ihren Walzen Gewichte, die sich drehen. Durch die Vibration der Walzen wird der Boden verdichtet.

Wenn ein Auto unterwegs kaputtgeht, kann man über eine Notrufsäule den Pannendienst anrufen. Ein Abschleppwagen bringt das Auto in die nächste Werkstatt.

Auf der Autobahn

„Der Verkehr wird auch immer schlimmer“, schimpft der Vater. „Wenn wir nur schon auf der Autobahn wären!“

„Oder schon bei Meike und Jan“, sagt Daniel. „Ich freu mich schon so auf den Besuch bei ihnen!“ Plötzlich fängt Knuffel an zu bellen. „Uns verfolgt ein Dinosaurier“, ruft Fabian. Tatsächlich! Auf der Ladefläche eines Schwerlasttransporters befindet sich ein haushohes Ungetüm. „Diese Fahrzeuge können noch ganz andere Dinge mitnehmen“, erklärt der Vater, „ganze Häuser, Schiffsmotoren für Ozeanriesen und sogar Weltraumraketen.“

„Ihr könnt ja mal aufpassen, wie viele unterschiedliche Fahrzeuge wir sehen“, schlägt die Mutter vor.

Schwerlasttransporter

Seine Plattform ruht auf 12 Wagenachsen mit jeweils 4 Rädern. Mit seinen 48 Rädern kann er bis zu 300 Tonnen transportieren.

Personenwagen

Jeep mit Vierradantrieb und Pferdeanhänger

Messerschmitt-Kabinenroller, ein Oldtimer von 1957

Ein Sattelschlepper oder Truck besteht aus der Zugmaschine und einem Auflieger. Beim Frontlenker befindet sich die Fahrerkabine über dem Motor. Das erleichtert dem Fahrer das Rangieren. Außerdem kann er enge Kurven fahren und hat eine bessere Sicht. Um an den Motor zu kommen, wird die Fahrerkabine um 60 Grad nach vorn gekippt.

Frontlenker

Dieser Autotransporter kann bis zu 11 Autos aufladen.

Schwere Lastwagen

Daniel hat Hunger und Fabian muss mal. Bei der nächsten Raststätte verlässt die Familie die Autobahn. Zur Raststätte gehören eine Tankstelle, ein Spielplatz, WC, Telefon und ein Restaurant.
An einem der Holztische im Grünen machen sie es sich gemütlich. Die Mutter packt belegte Brote aus, während die Zwillinge zu den Toiletten gehen. Auf dem Rückweg laufen sie um die Wette. Beide sind gleich schnell.
„Euch geht es wie den beiden Lastwagen da“, schmunzelt der Vater. „Die liefern sich gerade ein Elefantenrennen – und keiner gewinnt!“

**Auf Autobahnen dürfen nur Fahrzeuge fahren, die schneller als 60 Kilometer in der Stunde sind. Man darf nur in eine Richtung fahren.
An besonderen Abfahrten oder Anschlussstellen kann man die Autobahn wieder verlassen. Wenden, Rückwärtsfahren und Halten sind auf der Autobahn verboten. Nur auf den Seitenstreifen darf in Notfällen angehalten werden.**

Haubenwagen

Die Fahrerkabine befindet sich hinter dem Motor. Die Schornsteine an beiden Seiten der Kabine sind die Auspuffrohre. Bei Reparaturarbeiten am Motor muss nur die Haube hochgehoben werden.

Fabian staunt über die vielen Instrumente im Cockpit. Die nette Fahrerin erklärt ihm, dass es Lastwagen mit 18 und mehr Gängen gibt. In ihrem Fahrzeug gibt es einen kleinen Computer, ein Telefon und ein Faxgerät. Mit den anderen Truckfahrern unterhält sie sich über CB-Funk.

Sattelschlepper mit Wechselaufbau

Um den Container abzuladen, wird er von der Zugmaschine hydraulisch angehoben und dann auf Stützen gestellt. Die Zugmaschine wird abgesenkt und kann nun mit einem anderen Aufbau beladen werden

Ein Tanklastwagen kann bis zu 38 000 Liter Benzin aufnehmen. Aus Sicherheitsgründen ist der Tank in mehrere Kammern unterteilt.

Sattelschlepper

Nach dem Essen machen die Eltern mit Knuffel einen Spaziergang. Die Jungen schauen sich unterdessen die Fahrzeuge auf dem Lastwagenparkplatz an. „Schau mal, der Sattelschlepper transportiert einen Container. Was da wohl drin ist?“, sagt Fabian.

„Das sind Maschinenteile“, antwortet eine Frauenstimme hinter ihnen. „Ich bringe den Container in den Hamburger Hafen. Dort wird er direkt von meinem Truck auf ein Schiff verladen und ab geht's nach Brasilien.“

„Ob wir wohl mal in die Fahrerkabine schauen dürfen?“, fragt Fabian.

Das Innere der Fahrerkabine gleicht einer kleinen fahrbaren Wohnung. Neben Bett und Fernseher gibt es ein Waschbecken zum Frischmachen.

Mit bis zu 40 Tonnen kann der Holztransporter beladen werden. Die Baumstämme werden mit Kränen aufgeladen.

Die Plattform des Tiefladers liegt tief, damit er mit seinem Transportgut auch unter Brücken hindurchfahren kann.

Wenn das Müllfahrzeug voll ist, fährt es mit seiner Ladung zur nächsten Mülldeponie oder zu einer Müllverbrennungsanlage. Dort wird der hintere Teil des Wagens aufgeklappt und der Müll mit einer automatischen Vorrichtung an der Wand hinausgeschoben.

Das Müllsammelfahrzeug wird mit Haus- oder Restmüll beladen. Die Mülleimer werden auf eine Plattform gestellt und automatisch entleert. Der Müll fällt in das Innere des Wagens, wird dort zerkleinert und dann mit einem Schieber nach hinten gedrückt.

Die Müllabfuhr

Meike und Jan spielen in dem Park neben ihrem Haus Fußball. Sie warten auf ihre Freunde. Endlich kommen sie an. Alle freuen sich, besonders Knuffel: Er hört gar nicht mehr zu bellen auf.

„Diesmal war die Fahrt gar nicht so langweilig“, behauptet Daniel. „Wir haben viele Fahrzeuge gesehen und Spiele haben wir auch gemacht.“ Fabian erzählt von der tollen Fahrerkabine des Sattelschleppers. „Ich werde auch mal Fernkraftfahrer“, sagt er.

„Und ich Fußballerin“, meint Meike und schießt den Ball in hohem Bogen über die Wiese. Der Ball rollt auf die Straße. Meike will hinterherlaufen und achtet nicht auf den Verkehr. Daniel kann sie gerade noch am T-Shirt festhalten.

Über den Monitor sieht der Fahrer des Müllwagens, wie die beiden Müllmänner die Eimer und Container in den Wagen entleeren. Erst wenn sie fertig sind und wieder auf ihren Trittbrettern stehen, fährt er weiter.

Ein Müllwagen kann bis zu 80 Kubikmeter ungepressten Müll schlucken. Das ist so viel wie in ein kleines Reihenhaus passt.

Über die ausfahrbare Drehleiter dieses Feuerwehrfahrzeugs werden bei Bränden Menschen aus den oberen Stockwerken von Häusern gerettet.

Die Bodenbürsten der Straßenkehrmaschine kehren den Schmutz auf einen Haufen. Mit dem großen beweglichen Schlauch werden Blätter und Schmutz aus dem Rinnstein gesaugt.

Nutzfahrzeuge in der Stadt

Am nächsten Morgen wollen Meike und Jan ihren Freunden zeigen, wo sie bald wohnen werden. Bei ihrem Spaziergang sehen die Kinder verschiedene städtische Nutzfahrzeuge, zum Beispiel eine Straßenkehrmaschine und einen Lastwagen mit einer Gelenkmast-Arbeitsbühne. Jan weiß, dass es in Berlin fast 2000 Nutzfahrzeuge gibt. Dazu gehören auch die Fahrzeuge der Feuerwehr, Schneepflüge und Lastwagen, die den Dreck aus der Kanalisation saugen. Manche Fahrzeuge können sogar für mehrere Zwecke eingesetzt werden.

Von seiner Arbeitsbühne aus bedient der Arbeiter die Hydraulik des ausfahrbaren Arms. Er kann über 20 Meter hoch fahren. Dieses Fahrzeug wird unter anderem zum Fensterputzen, für Reparaturarbeiten an Brücken und Straßenlaternen eingesetzt. Aus Sicherheitsgründen wird der Lastwagen vorher auf „Stempel" gestellt.

Mit den keilförmigen Stahlblechen schiebt das Schneeräumfahrzeug den Schnee beiseite und drückt ihn an den Straßenrand. Gleichzeitig wird von der hinteren Plattform Sand oder Salz auf die Straße gestreut.

Das Fundament der Garage wird betoniert.

Auf der Baustelle

Der Spaziergang durch die Stadt macht den Zwillingen Spaß. Sie haben viel gesehen und auch Knuffel findet die vielen Gerüche aufregend. „Wohin zieht ihr denn nun?“, fragt Fabian, als sie gerade an einer Baustelle vorbeilaufen. „In dieses Haus“, sagt Meike stolz und zeigt auf einen Rohbau, bei dem gerade die Betondecke mit einem Kran verlegt wird. Neben dem Haus wird der Garagenboden gegossen. Aus einem Transportbetonmischer fließt über eine Rutsche der flüssige Beton auf die mit Brettern verschalte und mit Eisengittern belegte Fläche.

Fahrzeugkran

Der Fahrzeugkran wird ferngelenkt. Der Kranführer steht mit den anderen Arbeitern auf dem Dach und bringt die Bauteile mit seiner Fernbedienung genau an die richtige Stelle. Wenn die Arbeiten am Bau beendet sind, wird das Gittergerüst des Krans zusammengeklappt und auf das Fahrgestell gelegt.

Transportbetonmischer

In diesem Betonmischer wird der fertige Beton nicht hart, denn die Trommel mit der Spirale im Inneren ist stets in Bewegung. Zum Entleeren lässt der Fahrer die Trommel in die andere Richtung drehen. Dabei fließt der Beton über den Auslauftrichter und die schwenkbare Rutsche hinaus.

Die Vorläufer der Autobusse waren die Pferdepostkutschen. Mit diesem Bus konnte man um 1900 fahren.

Die roten englischen Doppeldeckerbusse sind berühmt. Sie fahren schon seit 1910 in London und Umgebung.

Der Dieselmotor

Im Motorblock ① arbeiten die Kolben ②, die den Motor antreiben und über die Pleuelstangen ③ mit der Kurbelwelle ④ verbunden sind. Diese setzt die Auf- und Abbewegung in eine Drehbewegung der Schwungscheibe ⑤ um. Durch die Einspritzdüsen ⑥ wird der Motor mit Kraftstoff versorgt. In der Ölwanne ⑦ sammelt sich das Motoröl, das zur Schmierung des Motors notwendig ist. Der Kühler ⑧ und der Kühlventilator ⑨ verhindern, dass der Motor überhitzt.

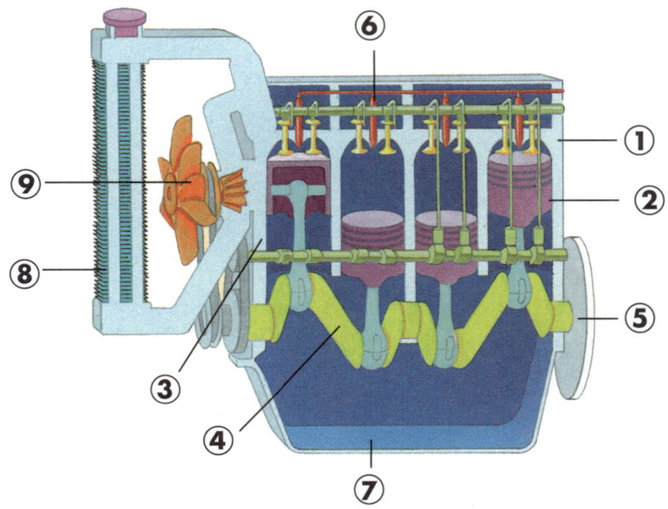

Autobusse

„Können wir nicht mit dem Bus heimfahren? Ich bin so müde“, stöhnt Daniel.
„Das lohnt sich nicht“, sagt Jan. „Wenn wir über den Marktplatz gehen, sind wir in zehn Minuten zu Hause.“
Vor dem Rathaus hält ein Reisebus. Fabian ist neugierig. Er schaut sich den Bus genauer an. „Mensch, ist das ein gemütlicher Bus“, erzählt er wenig später den anderen. „Der hat sogar ein Klo, zwei Fernseher und eine kleine Küche mit Kühlschrank. Und wenn die Leute müde sind, können sie ihre Sitze zu Liegen umbauen!“

In diesem Reisebus haben etwa 80 Leute Platz. Für 1000 Kilometer braucht er etwa 300 Liter Diesel. Diese Menge passt in seinen Tank.

So funktioniert der Dieselmotor

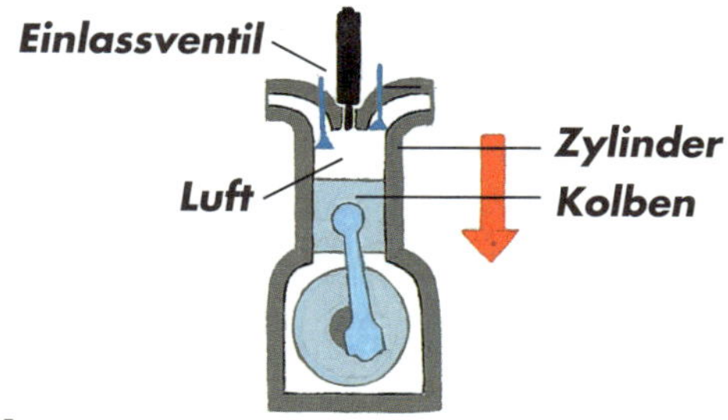

Ansaugen
Der Kolben im Zylinder bewegt sich nach unten. Dabei wird über das Einlassventil Luft angesaugt.

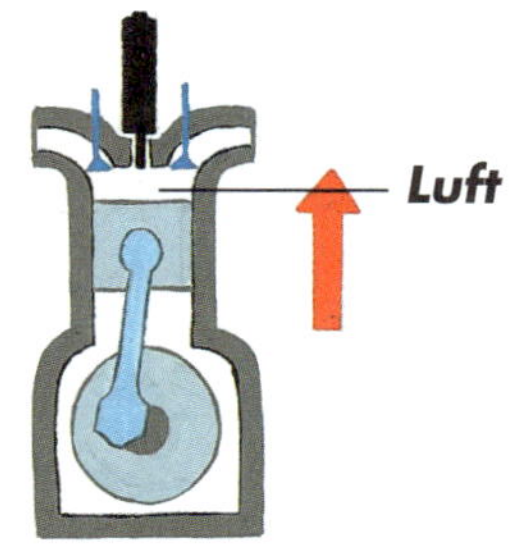

Verdichten
Der Kolben bewegt sich nach oben und presst die Luft zusammen. Die Luft erhitzt sich.

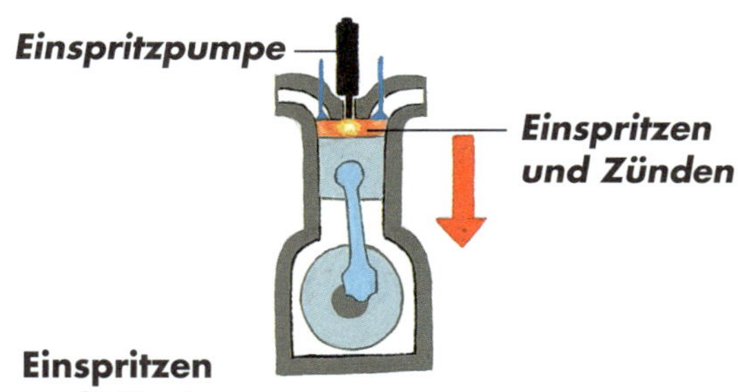

Einspritzen und Zünden
Kraftstoff wird eingespritzt. Die zusammengepresste Luft ist so heiß, dass sich der Kraftstoff von selbst entzündet. Die Explosion treibt den Kolben nach unten.

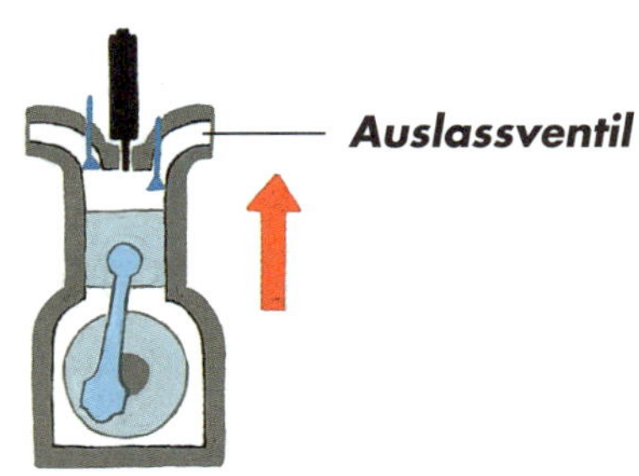

Ausstoßen
Der Kolben geht wieder nach oben und drückt die Abgase durch das Auslassventil aus dem Zylinder.

Das Auto

Ein modernes Auto besteht aus Karosserie, Motor, Antrieb und Fahrwerk. Die Karosserie ist die Stahlblechhülle, an die alle anderen Teile montiert werden. Der Antrieb besteht aus Getriebe, Kupplung und anderen Teilen zur Kraftübertragung zwischen Motor und Antriebsrädern. Das Fahrwerk besteht aus der Federung, den Achsen und den daran befestigten Rädern.

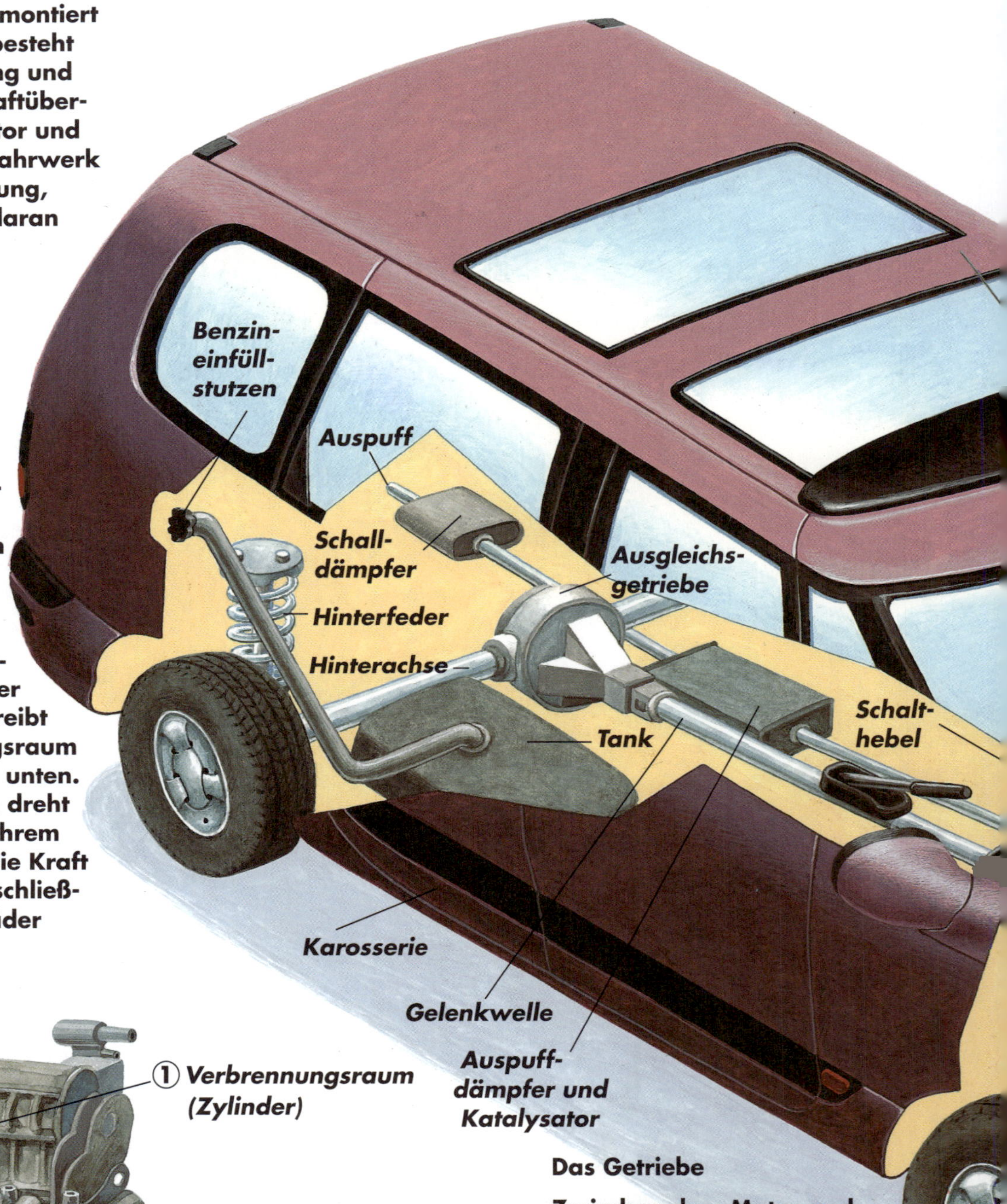

Der Verbrennungsmotor

Die meisten Kraftfahrzeuge werden mit Verbrennungsmotoren angetrieben. In diesen Motoren wird ein explosionsfähiges Kraftstoff-Luft-Gemisch entzündet. Der Druck der Explosion treibt in einem Verbrennungsraum ① einen Kolben nach unten. Der Kolben wiederum dreht eine Kurbelwelle mit ihrem Schwungrad ②, die die Kraft auf ein Getriebe und schließlich auf die Antriebsräder überträgt.

Das Getriebe

Zwischen dem Motor und den Antriebsrädern ist ein Getriebe zwischengeschaltet. Im Getriebe wird die Kraft des Motors mit Hilfe von großen und kleinen Zahnrädern auf die Räder übertragen.

Wie funktioniert ein Auto?

Die Tage bei den Freunden vergehen viel zu schnell. Daniel und Fabian sind traurig, dass sie schon wieder nach Hause müssen. Vor der Abfahrt kontrolliert der Vater nochmals den Ölstand. Den Reifendruck will er bei der nächsten Tankstelle überprüfen. In der Zwischenzeit verabschieden sich die Freunde. „Wenn wir euch besuchen kommen, schauen wir uns die großen Traktoren bei euch daheim an“, sagt Jan zum Abschied.

So funktioniert der Viertakt-Benzinmotor

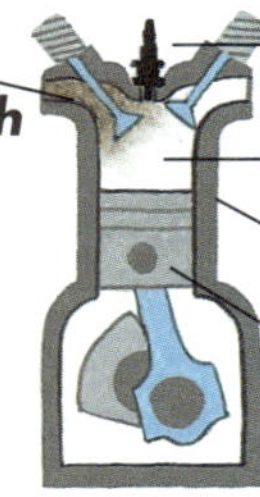

Ansaugen
Der Kolben im Zylinder bewegt sich nach unten. Dabei wird das Benzin-Luft-Gemisch über das Einlassventil in den Zylinder gesaugt.

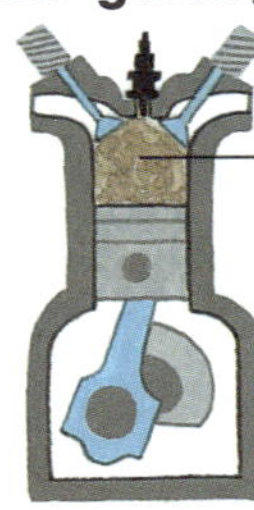

Verdichten
Nun bewegt sich der Kolben wieder nach oben. Alle Ventile sind geschlossen. Dabei presst der Kolben das Benzin-Luft-Gemisch zusammen: es wird „verdichtet“.

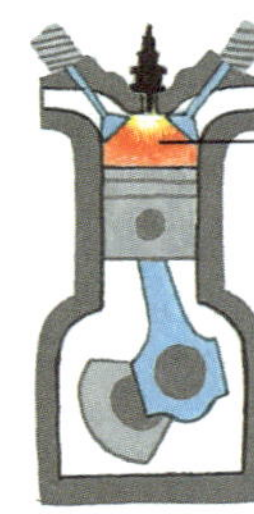

Zünden
Über einen elektrischen Funken aus der Zündkerze wird das Gemisch entzündet. Es explodiert und das entstandene Gas treibt den Kolben wieder nach unten.

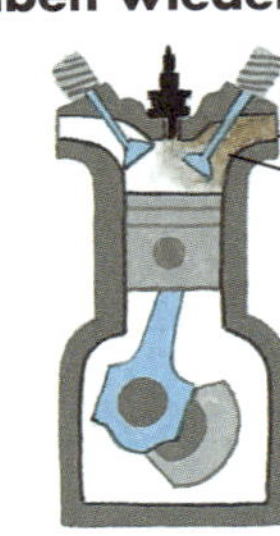

Ausstoßen
Während sich der Kolben wieder nach oben bewegt, drückt er über das Auslassventil die Abgase aus dem Zylinder in das Auspuffrohr.

Lies mal weiter!

Flugzeugschlepper bringen Großflugzeuge über die Flugpiste zu ihrem Startplatz. Sie haben 1200 PS und mit dem Flugzeug ein Gesamtgewicht von 60 Tonnen!

Straßenschwertransporter können auf bis zu 96 Rädern fahren und Lasten von 1200 Tonnen mit 8 Meter Breite transportieren, zum Beispiel schwere Bauteile und schwere Fahrzeugkräne.

Riesenlastzüge sind hauptsächlich in den USA und Australien unterwegs. Ihre Zugmaschinen haben einen sehr starken Dieselmotor.
Sie können 4 Anhänger mit etwa 13 Meter Länge ziehen! So können bei Fahrten mit großen Entfernungen gleichzeitig viele Transportgüter mitgenommen werden. In den Kippern der australischen Lastzüge werden meist tonnenweise Kohle oder Salz transportiert.
Manchmal aber auch hunderte von Schafen oder Kühen.

Außergewöhnliche Fahrzeuge

Wenn man etwas Schweres, Großes oder besondere Mengen transportieren will, reichen die herkömmlichen Transportfahrzeuge nicht aus. Um zum Beispiel eine Rakete oder einen Ölbohrturm von ihrem Herstellungsort zu ihrem Bestimmungsplatz zu bringen, braucht man spezielle Fahrzeuge. Oft werden sie für einen einzigen Einsatz extra konstruiert.

Modultransporter sind Fahrzeuge, die man je nach ihrer Ladung wie Bausteine zusammebauen kann – nebeneinander oder hintereinander. So können sogar ganze Ölbohrinseln transportiert werden.

Mit diesem Wechselaufbaufahrzeug können Raketen transportiert werden. Das Fahrzeug hat einen diesel-elektrischen Motor mit 5500 PS. Zusammen mit der Rakete wiegt es etwa 8200 Tonnen.

Worterklärungen

Antiblockiersystem (ABS):
Ein elektronisches System überprüft, ob sich die Räder während des Bremsens noch drehen und lockert die Bremse, wenn ein Rad blockiert. Diese Erfindung macht Autos sicherer, denn ein stark gebremstes, aber rollendes Rad bremst besser als ein blockiert rutschendes Rad.

Auspuff:
Durch den Auspuff werden die Abgase vom Motor nach außen geleitet. Ein Katalysator reinigt sie zuvor.

Ausgleichsgetriebe:
Mehrere ineinander greifende Zahnräder sorgen dafür, dass sich die Hinterräder beim Kurvenfahren mit unterschiedlicher Geschwindigkeit drehen.

Benzin:
In den Benzinmotoren wird ein Gemisch aus Benzin und Luft verbrannt. Benzin wird in chemischen Verfahren aus Erdöl gewonnen. Es ist eine farblose brennbare Flüssigkeit, die leicht verdunstet.

Diesel:
Vor allem Lastwagen, aber auch Autos werden mit Diesel angetrieben.
Diesel wird in chemischen Verfahren aus Erdöl gewonnen.

Geschwindigkeit:
Die Strecke, die in einer bestimmten Zeit zurückgelegt werden kann. Sie wird in Kilometer pro Stunde gemessen.

Getriebe:
Über das Getriebe wird die Kraft des Motors auf die Vorder- oder Hinterräder übertragen.

Karosserie:
Der Aufbau des Fahrzeugs, der auf das Fahrgestell aufgesetzt wird.

Katalysator:
Er wandelt giftige Stoffe des Autoabgases in umweltverträglichere Stoffe um.

Kühler:
Damit der Motor nicht überhitzt wird, umfließt ihn Kühlwasser, das sich im Kühler befindet. Während der Fahrt strömt Luft durch den Kühler, der wiederum das Wasser abkühlt.

Lichtmaschine:
Die Lichtmaschine erzeugt elektrische Energie, wenn der Motor läuft. Diese wird in der Batterie gespeichert.

Schalthebel:
Mit dem Schalthebel werden die verschiedenen Gänge eingelegt. Autos haben 4 bis 6 Gänge: 4 oder 5 Gänge zum Vorwärtsfahren sowie einen Rückwärtsgang. In den niedrigen Gängen wird langsamer gefahren; die höheren Gänge werden eingelegt, wenn das Auto schneller fährt.

Schalldämpfer:
Dämpft den Auspufflärm bei allen motorisierten Fahrzeugen.

Verteiler:
Der Verteiler sorgt dafür, dass die Zündkerzen das Benzin-Luft-Gemisch zeitlich in der richtigen Reihenfolge zünden.

Zündanlage:
Sie erzeugt den Funken, der das Benzin-Luft-Gemisch im Kolben entzündet.

Zündkerzen:
Elektrische Zündkerzen liefern Zündfunken, die das Benzin-Luft-Gemisch entzünden.

Erfindungen rund ums Auto

1827:
Onésiphore Pecqueur entwickelt in Frankreich das Differentialgetriebe. Es wird noch heute in jedes Auto eingebaut.

1857:
Aus Rohöl wird erstmals Benzin gewonnen.

1868:
Vor dem Britischen Parlament wird die erste Verkehrsampel aufgestellt. Sie wurde von J. P. Knight erfunden und zeigt die Farben rot und grün.

1891:
Das erste Elektroauto wird in den USA von der Firma Morris und Salomon gebaut.

1902:
Die Scheibenbremse wird von dem Briten Frederik Lanchester erfunden.

1908:
Henry Ford lässt in seinem Autowerk das erste Fließbandauto vom Band. Das „Model T", auch „Tin Lizzy" genannt, ist durch die Fließbandherstellung so billig geworden, dass auch weniger Verdienende es sich leisten konnten.

1909:
Der Franzose Michel Frenkel erfindet den Katalysator im Auspufftopf. Erst 1974 baut General Motors ein verbessertes Modell in seine Autos ein.

Kleine Geschichte des Autos

Bereits seit einigen tausend Jahren benützen die Menschen rollende Wagen. Mit dem 1860 von Etienne Lenoir erfundenen Gas-Verbrennungsmotor wurde der Grundstein für motorangetriebene Fahrzeuge gelegt. Zunächst wurde dieser Motor in Dampfmaschinen eingebaut. Es lag jedoch nahe, den leichten Motor auch in Fahrzeuge einzubauen. 1862 fuhr Lenoir eine mit dem Gasmotor ausgerüstete Kutsche. 1876 erfand Nikolaus Otto den ersten Viertaktmotor, der mit Benzin lief. Zur gleichen Zeit entwickelte Carl Benz einen anderen Verbrennungsmotor, den Zweitakter. Gottlieb Daimler unternahm 1883 auf einem Motorrad und 1885 in einem „Automobil" die ersten Fahrten in Fahrzeugen mit Benzinmotor. Automobil bedeutet „Selbstbeweger".
Mit dem Bau des Glühzünder-Motors durch Rudolf Diesel im Jahr 1892 war die Entwicklung neuer Verbrennungsmotoren für lange Zeit abgeschlossen. Erst 1956 entstand mit der Erfindung des Wankelmotors das letzte Modell der heute verwendeten Verbrennungsmotoren.

1926:
Das erste Allradauto, bei dem alle vier Räder vom Motor angetrieben werden, wird in Frankreich von Georges Latil vorgestellt.

1964:
Zum ersten Mal werden Dreipunkt-Sicherheitsgurte serienmäßig in einen Volvo eingebaut.

1971:
Die erste Vollautomatik wird in den holländischen „Daf" eingebaut. Bei diesem Auto muss nicht mehr geschaltet werden.

1982:
Das Antiblockiersystem (ABS) wird von der deutschen Firma Bosch entwickelt.

Mein Fahrrad

Das treue Rad

Der Radfahrkünstler Sausebrand
Ist wohl bekannt in Stadt und Land.

Nicht minder kennen Land und Stadt
Rundumundum, sein treues Rad.

Frühmorgens, wenn die Sonn aufgeht,
Rundumundum vom Stroh aufsteht,

geht brunnenwärts mit andrem Vieh
und wäscht sich Miene, Brust und Knie.

Woraufs, bis man zum Frühstück pfeift,
mit Karo noch ein Weilchen läuft.

Um sieben tritt aus seiner Tür
laut pfeifend Sausebrand herfür.

Und langgestreckten Laufes naht
Rundumundum, sein treues Rad.

Es kniet sich hin wie ein Kamel
und trinkt vergnügt sein Schälchen Öl.

Und freundlich klopft ihm Sausebrand
den Rücken mit der flachen Hand.

Nun aber schnell! Der Herr ruft: Hopp!
und sprengt davon im Hochgalopp.

Christian Morgenstern

Inhalt

Je langsamer man fährt, desto schwieriger ist es, das Gleichgewicht zu halten. Ohne abzusteigen gelingt es Tobias mit eingeschlagenem Lenker für kurze Zeit zu stehen.

Clarissa fährt zwischen den beiden Bändern durch die schmale Gasse. Das schult ihren Gleichgewichtssinn.

Michael fährt im Slalom um die Hütchen. Manche Kurven sind sehr eng. Aber Michael schafft sie ohne abzusteigen.

Der Fahrrad-Parcours

Radfahren macht Spaß! Das finden jedenfalls Mia, Clarissa, Tobias und Michael. Weil auf den meisten Straßen so viel Verkehr ist, treffen sich die Freunde mit ihren Rädern oft auf dem nahe gelegenen Schulhof. Da kann man richtig gut rumsausen – und Autos gibt es auch keine! Heute baut Mias Vater mit den Kindern einen Fahrrad-Parcours auf. Er besteht aus mehreren Stationen und man muss ganz schön geschickt sein, um ihn fehlerfrei zu durchfahren. „Vor dieser Linie muss man halten, ohne mit dem Fuß auf den Boden zu kommen!“, sagt Mia und legt halbierte Tennisbälle in eine Reihe. „Ob ihr es wohl schafft zwischen den beiden Bändern durchzufahren, ohne sie zu berühren?“, fragt Tobias. „Leg sie lieber etwas weiter auseinander“, meint Clarissa, „sonst wird die Prüfung zu schwierig!“ Dann geht es los. Michael versucht es als Erster.

Zum Fahrradfahren gehört auch eine gute Ausrüstung. Besonders wichtig ist der Helm. Er muss fest auf dem Kopf sitzen und sollte Stirn, Schläfen und Hinterkopf gut abdecken. Wichtig ist, dass weder Sehen noch Hören durch den Helm beeinträchtigt werden. Handschuhe geben Griffsicherheit. Um im Dunkeln oder bei schlechtem Wetter gesehen zu werden, braucht man Reflektoren an Rad und Kleidung.

Mia zeigt, wie gut sie einhändig fahren kann. Sie fährt vorsichtig auf ihren Vater zu und nimmt ihm die Mütze vom Kopf.

Das musst du beim Links-abbiegen beachten:

1. Umsehen.
2. Handzeichen nach links geben.
3. Auf der Linksabbiegerspur oder auf der Fahrbahnmitte einordnen.
4. Auf die Vorfahrt achten.
5. Noch einmal umsehen.
6. In weitem Bogen abbiegen.
7. Auf Fußgänger achten.

Mit dem Fahrrad in die Schule

„Fahr nicht so schnell!“, ruft Mia ihrem Freund hinterher. Sie ärgert sich, weil Tobias immer der Erste sein will. Wie jeden Morgen fahren Tobias, Mia und ihre Mutter mit dem Fahrrad in die Schule. Sie haben Glück, denn der größte Teil des Weges führt auf Radwegen. Statt auf der großen Hauptstraße fahren die drei auf ruhigen Nebenstraßen. Mias Mutter fährt als Letzte. So hat sie die beste Übersicht. „Von mir aus könnte unser Schulweg viel länger sein“, sagt Tobias, als er im Schulhof sein Rad abschließt.

Das Linksabbiegen an großen Kreuzungen ist oft schwierig und gefährlich. Viel sicherer und oft auch schneller ist es, das Rad über den Fußgängerüberweg zu schieben.

Auch auf Radwegen musst du immer rechts fahren. Benutzen Fußgänger den Weg, heißt es aufpassen. Mit der Klingel kannst du Fußgänger oder andere Radfahrer warnen. Überhole erst, wenn du sicher bist, dass sie dich bemerkt haben.

Bis zum 10. Lebensjahr dürfen Kinder auf dem Gehweg fahren, wenn es keinen Radweg gibt. Doch auch dort lauern eine Menge Gefahren. Spielende Kinder, Tiere oder Bälle können die Fahrbahn plötzlich kreuzen. Autofahrer öffnen eine Tür, die plötzlich den Gehweg versperrt. Auch Ausfahrten oder Häuserecken sind gefährlich, weil man nicht sieht, was dahinter ist.

An Kreuzungen ohne Schilder und Verkehrsampeln gilt die Regel: Wer von rechts kommt, hat Vorfahrt. Deshalb musst du an jeder Seitenstraße, die rechts von dir liegt, darauf achten, ob ein Auto kommt.

Bist du fit im Verkehr?

In Mias, Tobias', Michaels und Clarissas Klasse ist es mucksmäuschenstill. Gespannt hören die Kinder auf das, was ihnen Verkehrspolizist Schmid zu erzählen hat. „Verkehrsregeln sind sehr wichtig", erklärt er, „aber genauso wichtig ist, dass ihr auch auf die anderen Verkehrsteilnehmer wie Autos, Fußgänger und Fahrradfahrer achtet und dass ihr wisst, wer Vorfahrt hat." Herr Schmid hat für den Verkehrsunterricht eine Magnettafel mitgebracht, auf der eine Straßenkreuzung aufgemalt ist. Jetzt setzt er zwei Magnetfahrzeuge auf die Kreuzung. Das rote Auto will die Kreuzung geradeaus überqueren. Von rechts kommt ein Fahrrad und will nach links abbiegen. „Wer hat Vorfahrt?", fragt Herr Schmid. Michael weiß die Antwort: „Das Fahrrad hat Vorfahrt, weil es von rechts kommt!"

Verkehrsampel

Fahrradampel

Fußgängerampel

Ampeln regeln den Verkehr. Bei Rot musst du vor der Kreuzung halten. Gelb bedeutet: Achtung, warte auf das nächste Signal. Bei Grün darfst du fahren. Du musst immer auch auf andere Fahrzeuge achten. Zeigt die Fußgängerampel grün, haben die Fußgänger den Vortritt.

Stopp! **Hier musst du anhalten und mindestens einen Fuß auf die Straße stellen. Wenn alles frei ist, kannst du weiterfahren.**

Vorfahrtstraße. **Wer auf dieser Straße fährt, hat Vorfahrt, auch wenn ein anderes Fahrzeug von rechts kommt.**

Vorfahrt gewähren. **Dieses Schild bedeutet: Die anderen Verkehrsteilnehmer haben Vorfahrt und du musst warten.**

Einbahnstraße. **Hier darfst du nur in die Richtung des Pfeils fahren. Für den Gegenverkehr ist die Straße gesperrt.**

Einfahrt verboten! **Stößt du von der falschen Richtung auf eine Einbahnstraße, dann begegnet dir dieses Schild.**

Radweg **– gibt es einen Radweg, so musst du ihn benutzen.**

Gemeinsamer Rad- und Fußweg. **Nimm Rücksicht, denn Fußgänger und Radfahrer benutzen einen Weg!**

Getrennter Rad- und Fußweg. **Fußgänger gehen auf der einen Seite der weißen Markierung, Radfahrer fahren auf der anderen Seite.**

Fußgängerüberweg. **Auch Radfahrer müssen anhalten, wenn ein Fußgänger hier über die Straße will. Möchtest du mit dem Fahrrad den Zebrastreifen benutzen, musst du absteigen und schieben.**

Spielstraße. **Hier spielen Kinder auf der Straße. Autos und Radfahrer dürfen nur Schritttempo fahren.**

Ein Rad, das passt!

- **Beim Stehen muss zwischen Oberrohr und Schritt mindestens 5 cm Platz sein.**
- **Stelle den Sattel so ein, dass du mit beiden Füßen auf den Boden kommst.**
- **Der Lenker sollte etwa Schulterbreite haben.**
- **Achte auf die Entfernung von Lenker und Sattel. Du solltest so aufrecht sitzen können, dass du die Straße gut überblicken kannst.**

Um die Sattelhöhe einzustellen, musst du die Sattelstützklemmen lösen. Jetzt kannst du Sattel und Sattelstütze aus dem Sitzrohr ziehen. Jedoch nicht zu weit – sonst kann die Stütze brechen. Danach werden die Sattelstützklemmen wieder angezogen.

Welches Rad passt zu Mia?

„Komm schon, Papa! Der Fahrradladen macht ja bald zu!“ Mia drängelt. Sie darf sich zu ihrem Geburtstag ein neues Fahrrad aussuchen. Im Fahrradladen Zisch werden Mia und ihr Vater von Max, dem Sohn des Besitzers, bedient. Mia kennt Max schon lange. Vor allem bewundert sie seine Radfahrkünste. „Na, was kann ich für dich tun?“, fragt er. Mia erklärt, dass sie ein Fahrrad möchte, mit dem sie in der Stadt und im Gelände fahren kann. Max zeigt Mia einige Fahrräder in ihrer Größe. „Dieses hier ist besonders gut“, meint er und zeigt auf ein rotes Fahrrad mit schwarzen Streifen. Max stellt Mia den Sattel ein und lässt sie eine Runde fahren. „Papa, bitte lass uns dieses Rad kaufen“, ruft Mia begeistert.

Auf das musst du beim Fahrradkauf achten:

- **Für welchen Zweck brauchst du das Rad?**
- **Achte immer auf gute Verarbeitung.**
- **Hat das Rad die richtige Größe für dich?**

Bei gebrauchten Rädern gilt:

- **Sind Rahmen und Gabel ohne Beulen oder Rost?**
- **Ist die Gangschaltung sauber und leichtgängig?**
- **Gehen die Bremsen leicht und haben sie neue Bremsklötze?**
- **Funktioniert die Beleuchtung?**

Ein verkehrssicheres Rad

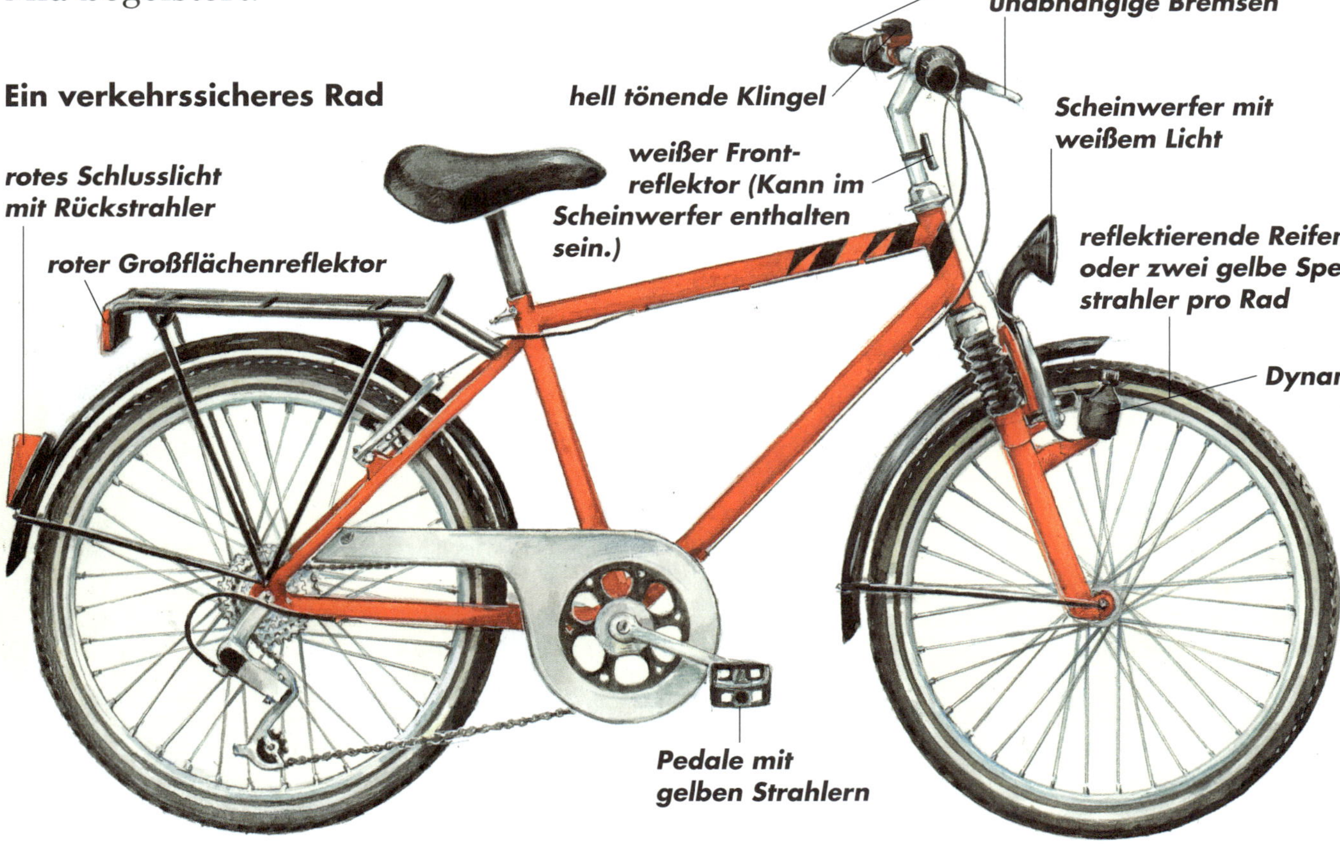

Liegeräder sind besonders schnell, weil der Fahrer durch seine Liegeposition wenig Luftwiderstand leistet.

Ein Rennrad ist ein reines Sportgerät. Es wiegt sehr wenig. Bei Radrennen hat es weder Beleuchtung noch Schutzbleche.

Ein Solarrad kann sowohl durch Treten als auch durch einen Elektromotor angetrieben werden. Der Motor wird über Solarzellen mit Energie versorgt. So kann das Fahrzeug bis zu 140 km/h fahren.

BMX-Räder sind Sporträder, mit denen man auch über Hindernisse springen kann. Für den Straßenverkehr müssen sie verkehrssicher ausgerüstet sein.

Mountainbikes sind besonders stabile, geländegängige Räder. Sie haben bis zu 27 Gänge und sind speziell für Fahrten im Gebirge und im Gelände konstruiert.

So viele Fahrräder!

Mia ist glücklich. Sie bekommt das rote Fahrrad mit den Tigerstreifen. Doch zuerst checkt Max es noch einmal durch. In der Zwischenzeit schauen sich Mia und ihr Vater im Verkaufsraum um. Unglaublich, was es für unterschiedliche Räder gibt! Am meisten fasziniert Mia das Tandem. „Super", meint sie, „da kann man wenigstens mal mit dem Treten aussetzen, wenn man keine Lust mehr hat!" „Das wäre aber nicht sehr sportlich. Außerdem glaube ich, dass du hiermit mehr Spaß haben wirst!", sagt Max und übergibt Mia ihr neues Fahrrad.

Für verschiedene Zwecke werden ganz unterschiedliche Fahrräder gebaut. Dieses Lastenfahrrad wird Long John genannt. Die Lasten werden auf einer Plattform zwischen Lenker und Vorderrad transportiert.

Beim Tandemfahren kann nur der Vordermann schalten, bremsen und lenken. Treten sollten beide Fahrer.

Das solltest du vor einer Radtour überprüfen:

1. Funktioniert die Klingel?
2. Ist die Kette richtig gespannt und geschmiert?
3. Funktioniert die Schaltung?
4. Sind die Bremszüge in Ordnung?
5. Sind die Bremsbeläge nicht abgefahren?
6. Ist das Profil der Reifen noch in Ordnung?
7. Ist genug Luft in den Reifen?
8. Funktionieren Vorder- und Rücklicht?

Bei einem „Achter" haben sich Speichen gelockert oder sind gebrochen. Das Rad verformt sich und „eiert". Die Speichen müssen ersetzt oder neu gespannt werden. Auf dem Zentrierständer wird das Laufrad wieder so eingestellt, dass es gerade und rund läuft.

In der Fahrradwerkstatt

Die Kinder freuen sich. Nächsten Sonntag wollen Mias und Tobias' Eltern eine Radtour machen. Michael und Clarissa dürfen auch mit. Sie wollen zu dem Trial-Wettkampf fahren, an dem auch Max Zisch teilnimmt. Das ist ein Geschicklichkeitsrennen, bei dem jeder Fahrer zeigen muss, wie gut er sein Fahrrad beherrscht. Bevor es losgeht, lässt Tobias sein Fahrrad von Max reparieren. „Was ist denn kaputt?", fragt Mia, die ihn begleitet. „Na ja", sagt Tobias, „ich glaube, ich habe einen Achter im Vorderrad, weil ich doch vor kurzem mit einem Müllcontainer zusammengestoßen bin!" Mia muss lachen. Typisch Tobias! Max repariert den Achter und sieht sich das Rad auch sonst genau an. „Eine Radtour macht nur Spaß, wenn alles in Ordnung ist", sagt er.

Beim Packen heißt es: nicht so viel wie möglich, sondern so wenig wie notwendig mitzunehmen. Egal ob man Fahrradtaschen oder einen Rucksack mitnimmt, man sollte sie nie ganz voll packen, damit man unterwegs noch etwas dazupacken kann.
Um das Fahrrad gegen Diebe zu sichern, eignen sich Bügelschlösser oder Kabelschlösser mit dickem Drahtseil.

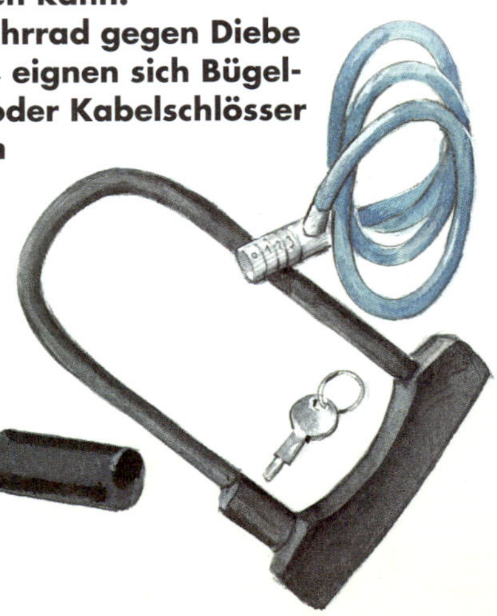

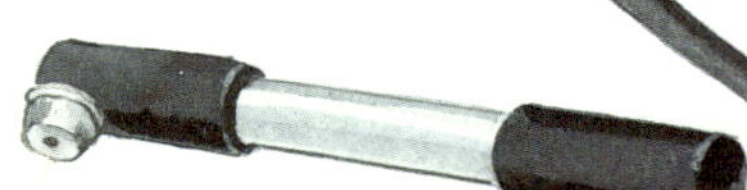

Luftpumpe

Im Werkzeugtäschchen des Fahrrades sollten ein 10er und ein 12er Gabelschlüssel, ein Schraubenzieher, Reifenheber und Flickzeug sein. Zu Hause sollte man Inbusschlüssel, weitere Gabelschlüssel, Zentrierschlüssel, Kettennieter, Kurbelschlüssel und Kurbelabzieher haben.

Werkzeugtäschchen

Reifenheber

Schraubenzieher

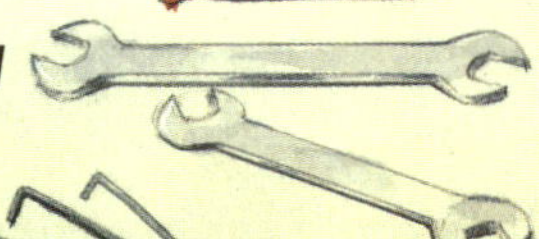

Gabelschlüssel

Gummilösung

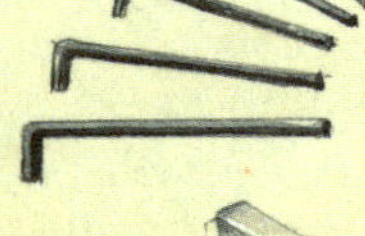

Inbusschlüssel

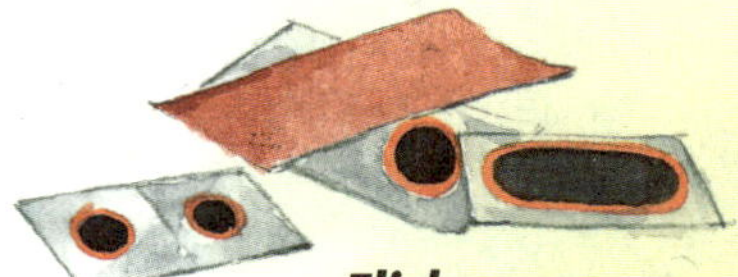

Flicken

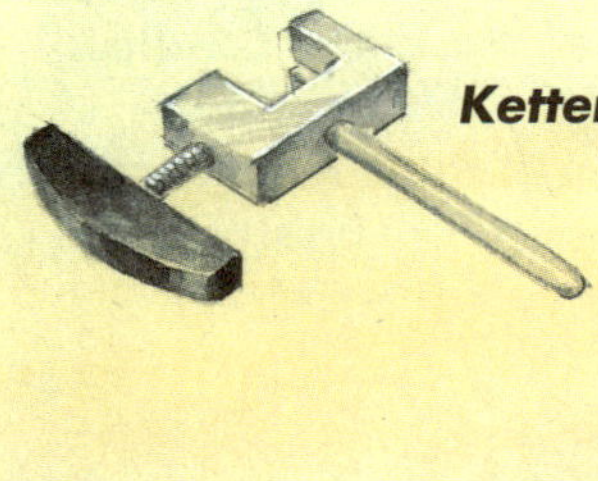

Kettennieter

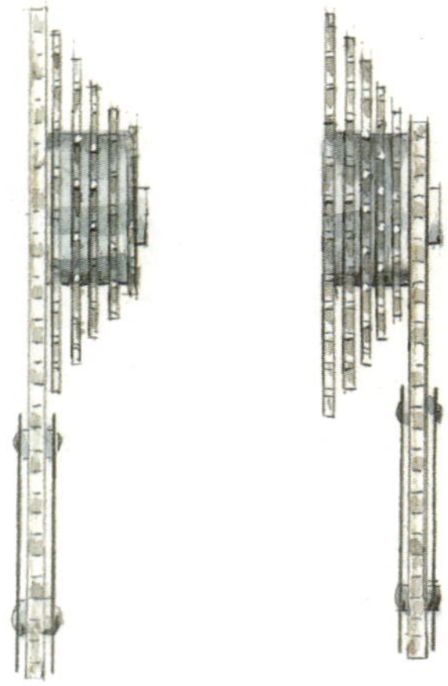

Ritzel mit Leitrollen von hinten. Einmal liegt die Kette auf dem größten, einmal auf dem kleinsten Ritzel.

Die Gangschaltung hilft dir auch Steigungen zu bewältigen. Die Kette verbindet die vorderen Kettenblätter und die hinteren Ritzel (Zahnräder). Schaltest du auf das große Kettenblatt und das kleinste Ritzel, so fährst du im schnellsten Gang und brauchst viel Kraft. Fährst du auf dem kleinen Kettenblatt und dem größten Ritzel, bist du zwar langsam, kannst aber ohne große Mühe einen Berg hinauffahren.

Mit dem Drehgriffschalter kannst du während der Fahrt die Übersetzung ändern.

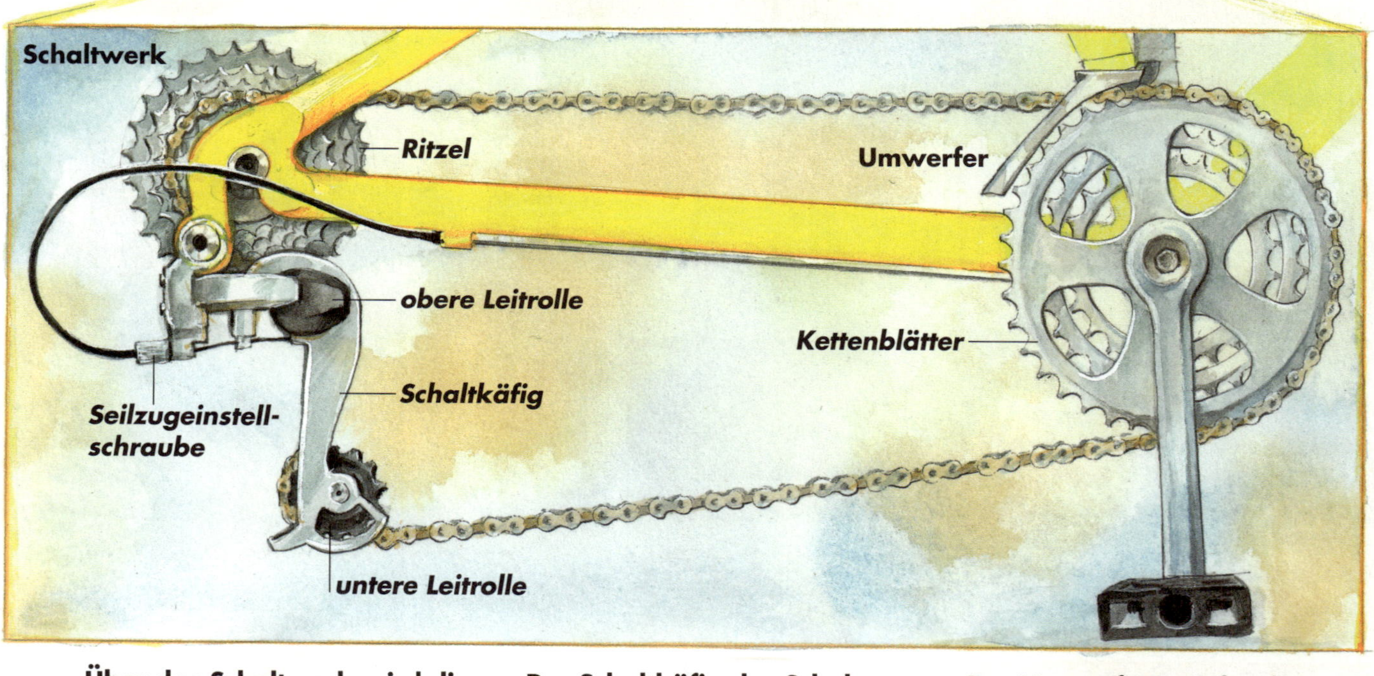

Über das Schaltwerk wird die Kette nach dem Schalten am Drehgriff von einem Ritzel auf das nächste gezwungen. Wichtig ist, dass das Schaltseil immer unter der richtigen Spannung steht. Diese kann man mit der Seilzugeinstellschraube verändern.

Der Schaltkäfig des Schaltwerks legt die Kette auf die Ritzel. Der Schaltkäfig darf sich nicht über die Ritzel hinausbewegen, sonst kann die Kette abgehen. Deshalb müssen in jedem Gang die Leitrollen senkrecht unter dem jeweiligen Ritzel stehen.

Der Umwerfer „wirft" die Kette von einem Kettenblatt des Tretlagers zum anderen. Er muss immer so eingestellt sein, dass die Kette weder vom kleinen noch vom großen Kettenblatt abspringen kann.

Die Gangschaltung

Tobias und Mia gefällt es in Max' Werkstatt. Vor allem, weil sie lernen, selbst etwas an ihren Rädern zu machen. „Ich glaube, bei deiner Gangschaltung stimmt etwas nicht", sagt Max. „Das Schaltwerk befördert die Kette über die Ritzel – also die Zahnräder am Hinterrad – hinaus. Das ist gefährlich, weil die Kette so leicht abfallen und in die Speichen geraten kann." Max nimmt Tobias' Fahrrad und hängt es auf den Montageständer. Er kontrolliert Schaltwerk und Umwerfer und stellt die Gangschaltung neu ein.

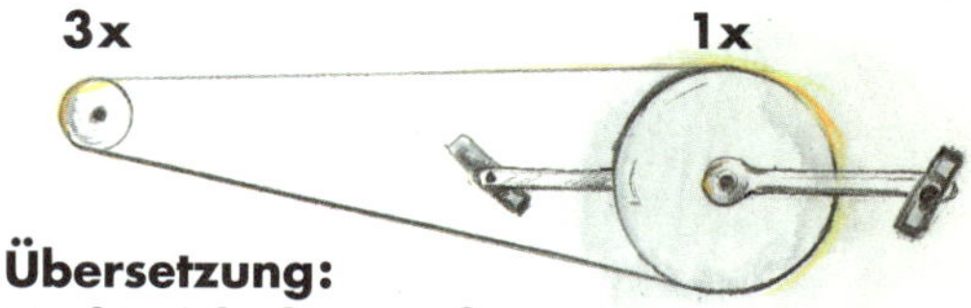

Übersetzung:
Dreht sich das große Kettenblatt einmal, macht das hintere Ritzel drei Umdrehungen. So dreht sich mit einem Mal Treten das Hinterrad gleich dreimal.

Mountainbikes und Rennräder haben meist Kettenschaltungen mit bis zu 27 Gängen. Viele Kinderräder und Citybikes haben eine Nabenschaltung mit drei, fünf oder sieben Gängen. Sie funktioniert durch ein Getriebe im Inneren der Hinterradnabe. Vorteil: Diese Räder haben eine Rücktrittbremse.

Abgefahrene Bremsklötze oder gerissene Bremskabel sind sehr gefährlich! Sie müssen regelmäßig kontrolliert werden. Immer daran denken: Bei Regen verlängert sich der Bremsweg um die Hälfte!

Wenn eine Kette lange nicht mehr geschmiert wurde, können die Kettenglieder steif werden. Dann springt die Kette leicht über die Ritzel und kann abfallen. Bevor du sie mit einem Tuch wieder auf Ritzel und Kettenblatt legst, solltest du die steifen Glieder mit Sprühöl gängig machen.

Bremsen, Kette und Licht

„So, nun müsste mit deinem Rad alles in Ordnung sein“, sagt Max und übergibt Tobias sein Fahrrad. Die Kinder bedanken sich und fahren nach Hause. „An so einem Fahrrad ist ganz schön viel dran, was kaputtgehen kann“, meint Mia. „Weißt du noch, wie Clarissa beinahe meinen Papa umgefahren hätte, weil ihre Bremsbeläge abgefahren waren?“
„Ja, und bei mir ging dauernd die Kette ab. Erst als wir sie gekürzt haben, war das Problem beseitigt“, erzählt Tobias. „Nur mein Licht war noch nie kaputt“, sagt Mia. „Allerdings bin ich auch erst einmal nachts mit meinem Fahrrad unterwegs gewesen!“

Kette und Ritzel solltest du regelmäßig mit Wasser, Tuch und Zahnbürste reinigen. Danach kannst du die Einzelteile der Kette, der Schaltung und der Bremse mit Sprühöl schmieren. Nimm nicht zu viel, sondern schmiere lieber häufiger!

Bei einer Felgenbremse verläuft das Bremskabel vom Bremshebel am Lenker zur Bremse. Beim Anziehen des Bremshebels werden über das Kabel die beiden Bremsarme bewegt und drücken die Bremsklötze an die Felge. Dadurch wird das Rad abgebremst und kommt zum Stehen. Jedes Fahrrad hat eine Vorder- und eine Hinterradbremse.

So funktioniert die Lichtanlage: Die Reibrolle des Dynamos dreht sich mit dem Reifen. Durch diese Drehung wird im Dynamo Strom erzeugt. Der Strom wird über Kabel zu den Scheinwerfern geleitet.

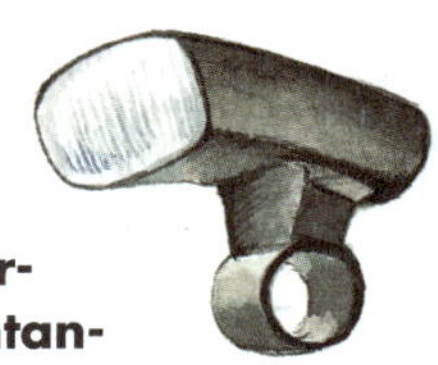

Zusätzlich zu Dynamos dürfen batteriebetriebene Lichtanlagen benutzt werden. Sie leuchten auch dann, wenn das Fahrrad steht. Allerdings müssen die Batterien oft nachgeladen werden.

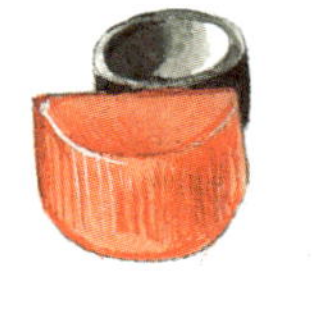

So schaltest du richtig

Auf ebener Strecke benutzt man die mittleren Gänge. Sie laufen über das mittlere Kettenblatt und die mittleren Ritzel. Bei einer leichten Steigung nimmst du die etwas größeren Ritzel. Beim Beschleunigen wechselst du auf die kleineren Ritzel.

Beim Bergabfahren schaltest du am besten in einen hohen Gang. Die Kette läuft über das große Kettenblatt und ein kleines Ritzel. Zum Treten auf der Ebene brauchst du jetzt sehr viel Kraft. Bei einer Abfahrt kannst du jedoch zusätzlich beschleunigen.

Auf der Radtour

Endlich geht's los! Nachdem die Eltern und die Kinder die Stadt rasch hinter sich gelassen haben, fahren sie nun auf Nebenwegen in Richtung Trial-Wettkampf. Tobias fährt wie immer weit voraus. „Mal sehen, ob er in einer Stunde immer noch so fit ist“, meint Mias Vater. „Bei dem Tempo hat er bald all seine Kraftreserven aufgebraucht!“ Doch Tobias fährt und fährt. Erst als eine lange Steigung kommt, macht er plötzlich schlapp. Mia, Clarissa und Michael haben noch Kraft und überholen Tobias. Das letzte Stück muss er sogar schieben. Als Mias Vater Tobias' roten Kopf sieht, beschließen sie, eine kleine Pause zu machen. Alle trinken etwas und essen eine Kleinigkeit. Dann geht es weiter. Tobias bleibt nun bei den anderen und fährt in gleichmäßigem Tempo weiter. Eigentlich ist es so auch viel lustiger, weil man sich während der Fahrt unterhalten kann.

Zum Bergauffahren schaltet man auf das kleinste Kettenblatt und die größten Ritzel. Je steiler der Berg – desto größer das Ritzel. Du musst zwar jetzt viel treten, brauchst dabei aber nicht allzu viel Kraft.

Im Wiegetritt fährt man steile Berge hinauf. Dabei fährt der Radfahrer im Stehen und verlagert sein Körpergewicht beim Treten abwechselnd von rechts nach links. Gleichzeitig zieht er im entgegengesetzten Rhythmus am Lenker: Ist das Körpergewicht links, zieht er an der rechten Lenkerhälfte und umgekehrt.

Beim Fahrrad-Trial geht es darum, einen vorgegebenen Wegabschnitt voller Hindernisse auf dem Fahrrad hinter sich zu bringen. Ohne Hilfsmittel müssen Steine, Baumstämme, Wassergräben und anderes überwunden werden. Wer sich mit den Füßen abstützt, wird mit Punkten bestraft. Sieger ist, wer die wenigsten Strafpunkte hat.

Beim Fahrrad-Wettkampf

„Da kommt Max!“, ruft Clarissa. Die Kinder beobachten, wie Max auf seinem Trial-Rad in die Absperrung hineinfährt. Er trägt Helm, Handschuhe und Schienbeinschoner. Max muss verschiedene Aufgaben erfüllen. „Wahnsinn, das könnte ich nie!“, sagt Michael, als Max stehen bleibt, sein Vorderrad anhebt und seitwärts auf einen flachen Steinblock springt. „Das war ein Side-Hop“, weiß Tobias. „Hoffentlich setzt er beim Hüpfen über die Steinblöcke keinen Fuß auf den Boden!“, bangt Mia. Max hat sein Fahrrad gut im Griff. Nur in der letzten Kurve rutscht ihm das Hinterrad weg und er muss einen Fuß auf den Boden setzen. „Schade, das gibt einen Punkt!“, seufzt Tobias. Doch Max hat seine Sache gut gemacht. Am Ende des Rennens gehört er zu den fünf besten Fahrern – und Mia, Tobias, Clarissa und Michael sind die Ersten, die ihm gratulieren.

Crosscountry-Rennen sind Querfeldein-Rennen auf dem Mountainbike. Im Gelände wird ein längerer Rundkurs abgesteckt, der aus breiten Wegen, schmalen Pfaden und steilsten Anstiegen besteht. Alle Teilnehmer starten gleichzeitig. Sieger ist, wer als Erster die Ziellinie überquert.

Downhill ist englisch und bedeutet: bergab. Darunter versteht man Mountainbike-Rennen, die über steilste Pfade und Felsbrocken vom Berg ins Tal führen. Dabei werden bis zu 80 km/h erreicht. Wegen der hohen Sturzgefahr tragen Downhill-Fahrer eine richtige „Rüstung“.

Vorderradausbau

Das Rad wird auf Lenker und Sattel gestellt. Vor dem Ausbau der Laufräder muss das Bremskabel mancher Felgenbremsen ausgehängt werden, damit der Reifen an den Bremsgummis vorbeikommt. Dann wird der Schnellspanner geöffnet und das Vorderrad aus der Gabel gezogen.

Die Panne

Das war ein aufregender Tag! Auf der Heimfahrt gehen die Kinder noch einmal jede Einzelheit des Rennens durch. Vor lauter Erzählen merkt Mia gar nicht, dass ihr Vorderreifen immer mehr Luft verliert. Erst als sie beinahe auf der Felge fährt, wird ihr klar, dass sie eine Panne hat. „Wartet!“, ruft sie den anderen hinterher. Ihr Vater hält. „Wer sein Rad liebt, der schiebt!“, meint er lachend. „Zum Glück sind wir gleich zu Hause. Da kann ich euch gleich zeigen, wie man einen Schlauch flickt.“ Und das macht Mias Vater dann auch. Die Kinder haben viel Spaß – vor allem mit dem Wasser, das sie brauchen, um das Loch im Schlauch zu finden. Und Tobias hält die lustige Aktion mit seinem Fotoapparat fest.

1

2

3

4

5

So wird ein Reifen repariert

- **Bild 1: Mit den Reifenhebern hebelst du den Mantel über den Felgenrand. Beginne an der Seite, die dem Ventil gegenüberliegt. Nun wird der Schlauch mit dem Ventil zuerst aus dem Mantel herausgezogen.**
- **Bild 2: Pumpe den Schlauch auf und tauche ihn in eine Schüssel mit Wasser. Wo Luftblasen aufsteigen, sind Löcher. Markiere sie und trockne den Schlauch ab.**
- **Bild 3: Nun wird der Gummi um die Löcher herum mit Sandpapier angeraut. Dann wird eine dünne Schicht Gummilösung aufgetragen.**
- **Bild 4: Sobald der Kleber angetrocknet ist, ziehst du die Folie vom Flicken ab und presst ihn auf das Loch. Jetzt pumpst du den Schlauch etwas auf, führst das Ventil durch das Loch in der Felge und legst den Schlauch in den Mantel ein.**
- **Bild 5: Nun wird der Mantel rundum über den Felgenrand gedrückt. Aufpumpen. Fertig!**

Lies mal weiter!

Wer erfand das Fahrrad?

Die ersten Fahrräder waren Laufräder. Zwei Räder wurden durch einen Holzbalken verbunden. Auf diesem Balken saß ein „Reiter", der sich mit den Füßen vom Boden abstieß. Die ersten Laufräder konnte man nicht lenken. Das änderte 1817 der deutsche Forstmeister und Erfinder Karl Freiherr von Drais. Er machte das Vorderrad eines Laufrades lenkbar und entdeckte, dass das Gefährt so nicht mehr zum Umkippen neigte. Seine Draisinen gelten als Vorläufer der modernen Fahrräder. Allerdings waren sie kein Fahrzeug für jedermann, denn dafür waren die Straßen viel zu holprig.

Die Laufräder aus Holz waren sehr schwer. Im Jahre 1839 baute der schottische Schmied Kirkpatrick Macmillan das erste Fahrrad aus Metall. Es wog nur 25 kg. Das war sehr leicht, wenn man bedenkt, dass es auch heute noch viele Räder gibt, die 15 bis 20 kg wiegen.

Mit der Erfindung der Tretkurbel, die an das Vorderrad einer Draisine gebaut wurde, begann der Siegeszug des Fahrrades. Nun wurde das Rad durch Treten angetrieben. Der Kutschenbauer Pierre Michaux stellte zwischen 1860 und 1870 die ersten Tretkurbeln in Serie her. Das Gefährt wurde „Veloziped" genannt.

Bei den Fahrrädern, deren Pedale an die Vorderräder montiert waren, galt: Je größer das Vorderrad, desto größer der Weg, der pro Kurbelumdrehung zurückgelegt wurde. Deshalb entstanden die mannshohen Hochräder. Der Fahrer saß wie ein Akrobat fast senkrecht über dem Vorderrad. Als Stütze diente ihm ein winzig kleines Hinterrad. Das Auf- und Absteigen war eine komplizierte Angelegenheit. Und auch das Fahren auf Hochrädern war sehr gefährlich, weil jedes kleinste Steinchen, das man überfuhr, zu einem Sturz führen konnte.

Sehr viel sicherer waren die Dreiräder. In einigen dieser pedalbetriebenen Gefährte konnte man sogar zu zweit fahren und miteinander plaudern.

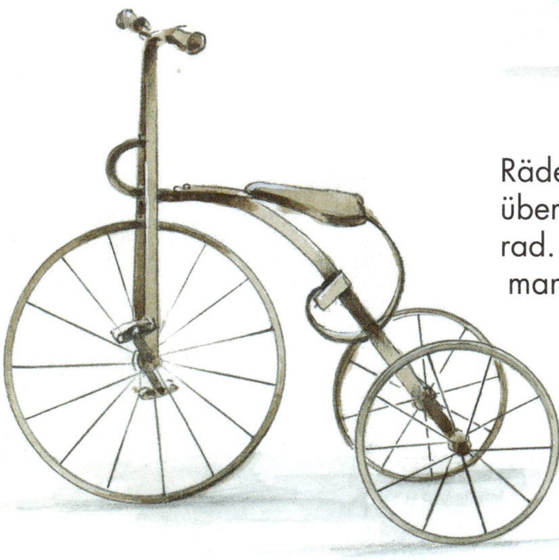

Ab 1885 wurde das „Sicherheitsfahrrad" des Engländers John K. Starley verkauft. Es war das erste moderne Fahrrad und besaß zwei gleich große Räder. Der Antrieb erfolgte über eine Kette auf das Hinterrad. Mit diesem Rad konnte man Unebenheiten überfahren, ohne dass der Fahrer kopfüber auf der Straße landete. Ein weiterer Vorteil waren die Bremsen, mit denen das Fahrrad versehen war. Allerdings war das Fahren eine holprige Angelegenheit. 1888 erfand John B. Dunlop den ersten luftgefüllten Reifen. Diese Reifen sorgten für gute Stoßdämpfung und eine höhere Fahrgeschwindigkeit.

Die Tour de France

Das wohl berühmteste Fahrradrennen der Welt ist die Tour de France. Jedes Jahr im Juli starten viele Teams von Rennfahrern und umrunden in mindestens zwanzig Etappen ganz Frankreich. Das sind etwa 3500 bis 4000 Kilometer – eine enorme Belastung für Fahrer und Räder. Viele sind den körperlichen Anstrengungen nicht gewachsen und geben unterwegs auf. Der beste Fahrer in der Gesamtwertung darf im gelben Trikot fahren. Die erste Tour de France wurde am 1. Juli 1903 in der Nähe von Paris gestartet. Etwa 60 Rennfahrer nahmen daran teil. Seitdem wird das Rennen – mit Ausnahme weniger Unterbrechungen – jedes Jahr gefahren.

Worterklärungen

Dynamo: Minikraftwerk, das man an den Vorderreifen des Fahrrades klappt. Durch die Drehung des Vorderrades wird die Rolle des Dynamos angetrieben. Diese wiederum überträgt ihre Kraft auf einen kleinen Generator im Inneren des Dynamos. Der Generator wandelt die Kraft in Strom um und leitet über zwei Drähte den Strom zum vorderen Scheinwerfer und zum Rücklicht.

Felge: Metallreifen mit Löchern für die Speichen und einem Loch für das Ventil. Im Felgenbett liegt der Schlauch. Der Mantel wird durch die Felgenhörner gehalten.

Freilauf: Der Freilauf ist ein Sperrklinkenmechanismus in der Hinterradnabe. Er unterbricht für die Zeit, in der du nicht in die Pedale trittst, die feste Verbindung zwischen Tretkurbel und Hinterrad. Die Pedale bleiben ruhig, während sich das Hinterrad weiterdreht. Ohne Freilauf wäre das Fahrradfahren ziemlich anstrengend und gefährlich. Früher waren Tretkurbel und Hinterrad durch die Kette fest miteinander verbunden. Der Radfahrer musste andauernd treten – oder seine Füße von den Pedalen nehmen.

Inbusschlüssel: Werkzeug zum Lösen und Anziehen von Innensechskantschrauben.

Kettenblatt: Zahnrad, das an der rechten Tretkurbel befestigt ist.

Kettenschaltung: Gangschaltung, bei der die Kette auf verschieden große Ritzel und Kettenblätter gelegt wird.

Laufrad: Anderes Wort für Vorder- oder Hinterrad.

Nabe: Mittelteil eines Laufrades. Die Achse der Nabe verbindet Rad und Rahmen miteinander. Die Speichen führen von der Nabe zur Felge.

Nabenschaltung: Gangschaltung, bei der die verschiedenen Gänge über ein Getriebe im Inneren der Hinterradnabe eingestellt werden.

Mantel: Anderes Wort für Reifen.

Reifenheber: Hebel zum Lösen und Aufziehen des Mantels von der Felge.

Ritzel: Zahnrad, das am Hinterrad befestigt ist.

Rücktrittbremse: Bremse am Hinterrad, die über die Pedale betätigt wird.

Schnellspanner: Mit Hilfe dieses Hebels kann man ohne Werkzeug die Laufräder oder den Sattel festklemmen oder lösen.

Speichen: Stahldraht, der Nabe und Felge miteinander verbindet.

Schlauch: Teil der Bereifung. Es ist ein runder Luftschlauch aus Gummi, in den ein Ventil eingeschraubt wurde.

Fahrradquiz

1. Bis zu welchem Alter dürfen Kinder auf dem Gehweg Fahrrad fahren?

a) bis zur Einschulung

b) bis 18 Jahre

c) bis 10 Jahre

2. Du fährst mit dem Rad auf ein Stopp-Schild zu. Was tust du?

a) Ich halte auf jeden Fall an und lasse Fahrzeuge, die Vorfahrt haben, vorbei. Ist alles frei, fahre ich weiter.

b) Ich schaue mich gründlich um. Kommt kein Fahrzeug, fahre ich auch ohne anzuhalten weiter.

c) Das Stopp-Schild gilt nur für Autofahrer. Ich als Radfahrer habe immer Vorfahrt.

3. Was ist ein Long John?

a) ein Fahrrad für zwei Personen

b) ein Lastenfahrrad

c) ein Liegefahrrad

4. Was muss man beim Packen vor einer Radtour beachten?

a) Ich nehme möglichst viel mit, damit ich für alle Fälle gerüstet bin.

b) Weniger ist mehr. Ich nehme nur das Notwendigste an Werkzeug, Verpflegung und Kleidung mit.

c) Ich sorge dafür, dass ich genügend zu essen und trinken dabeihabe.

5. Wie viele Gänge können Mountainbikes und Rennräder haben?

a) bis zu 12 Gänge

b) bis zu 18 Gänge

c) bis zu 27 Gänge

6. Was ist ein Downhill-Rennen?

a) ein Bergab-Rennen

b) ein Straßenrennen in England

c) ein Geschicklichkeitswettbewerb auf dem Fahrrad

Lösungen: 1c; 2a; 3b; 4b; 5c; 6a

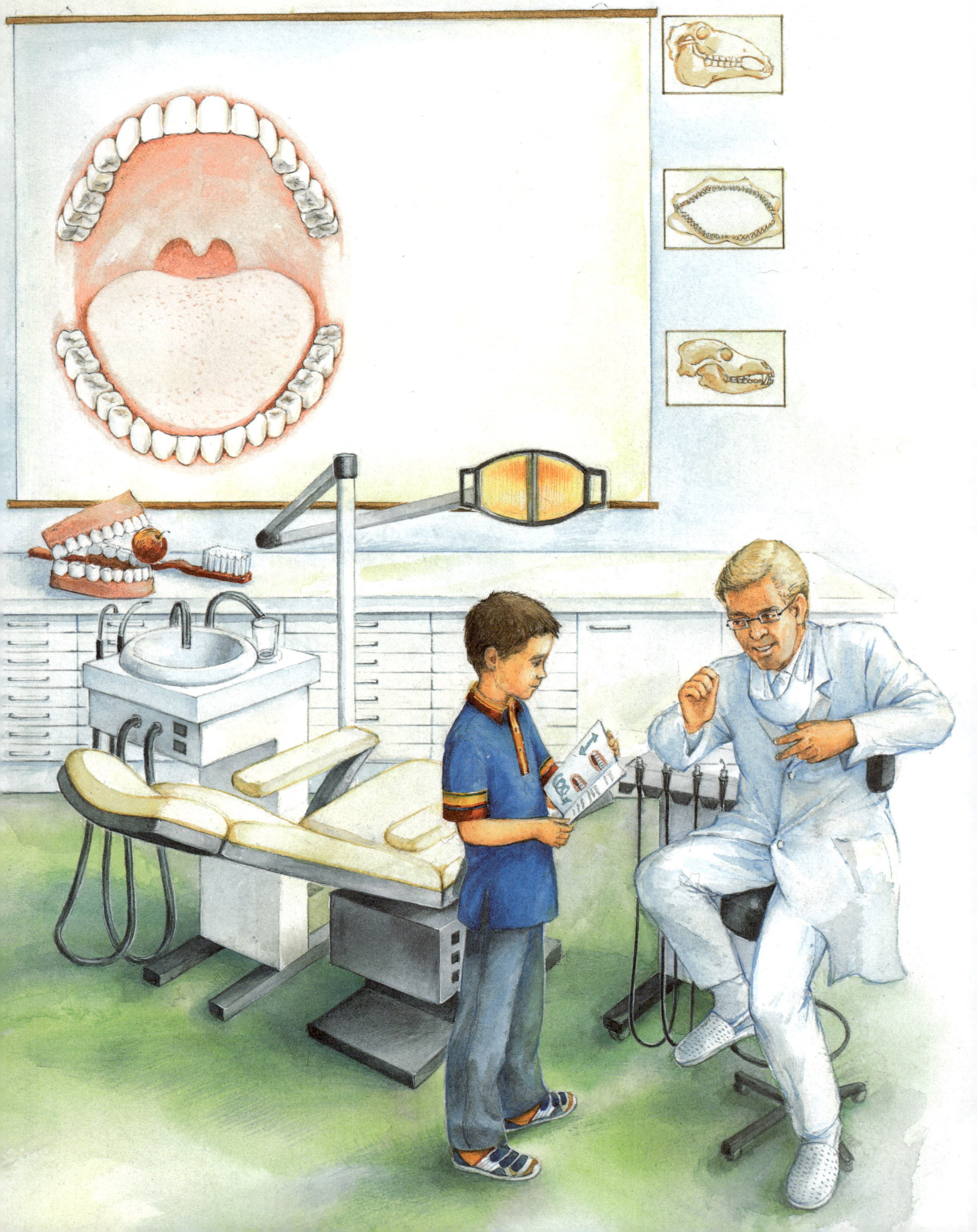

Unser Körper

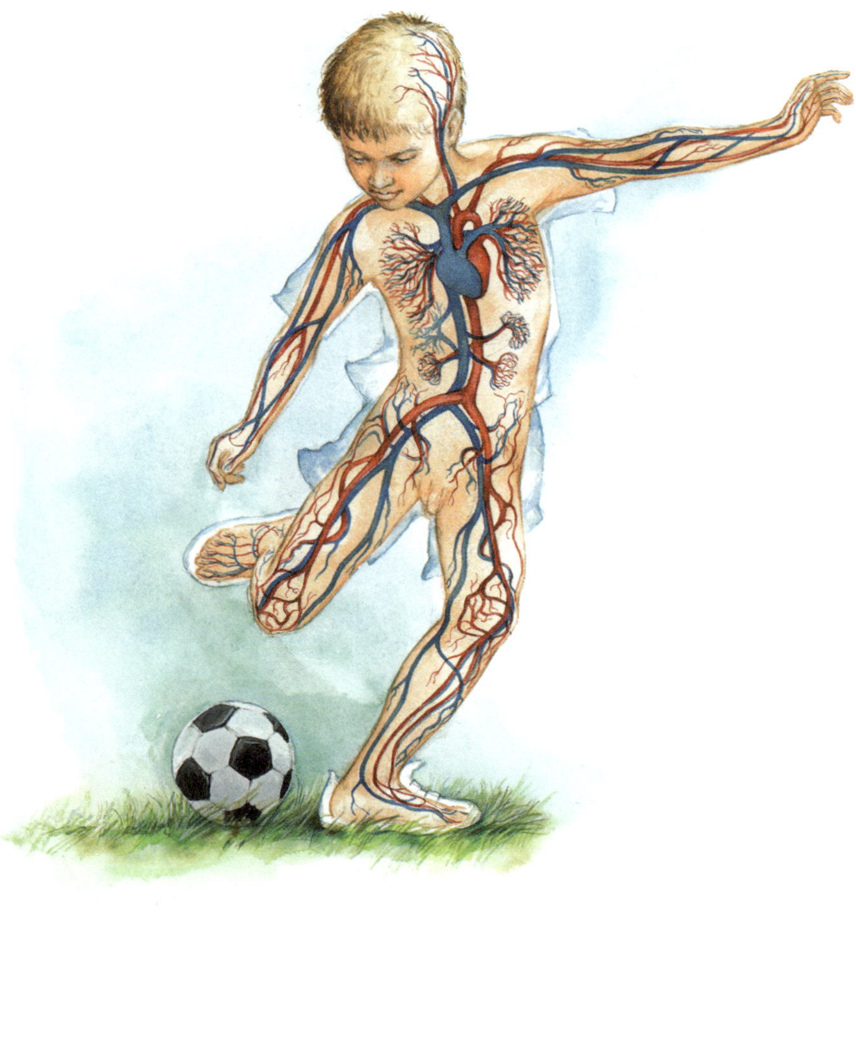

Der Schnupfen

Ein Schnupfen hockt auf der Terrasse,
auf dass er sich ein Opfer fasse

– und stürzt alsbald mit großem Grimm
auf einen Menschen namens Schrimm.

Paul Schrimm erwidert prompt: „Pitschü!“
Und hat ihn drauf bis Montag früh.

Christan Morgenstern

Inhalt

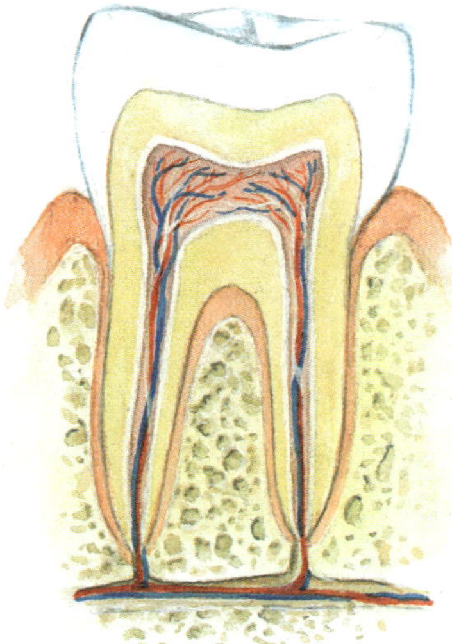

Wunderwerk Körper

Philipp fährt gerne Fahrrad – eine tolle Maschine, mit der er schnell vorwärts kommt. Aber ohne Philipps Beine, die in die Pedale treten, ohne seine Arme, die den Lenker bewegen, ohne sein Gehirn, das den Weg bestimmt, könnte das Rad keinen Meter fahren.
Alle Organe, die Gliedmaßen, die Nerven und das Gehirn arbeiten zusammen, damit unser Körper gut funktioniert – solange wir gesund sind!

Über das Gehirn, das Rückenmark und die Nervenbahnen wird unser Körper gesteuert. Ohne sie könnten wir nichts denken, fühlen, empfinden oder tun – nicht einmal atmen. Die Nervenbahnen haben zwei Aufgaben: Sie leiten Wahrnehmungen von außen (zum Beispiel Sehen, Hören, Berührungen) an das Gehirn und übermitteln „Befehle“ vom Gehirn an die Muskeln und Organe (zum Beispiel beim Atmen, Laufen, Verdauen).

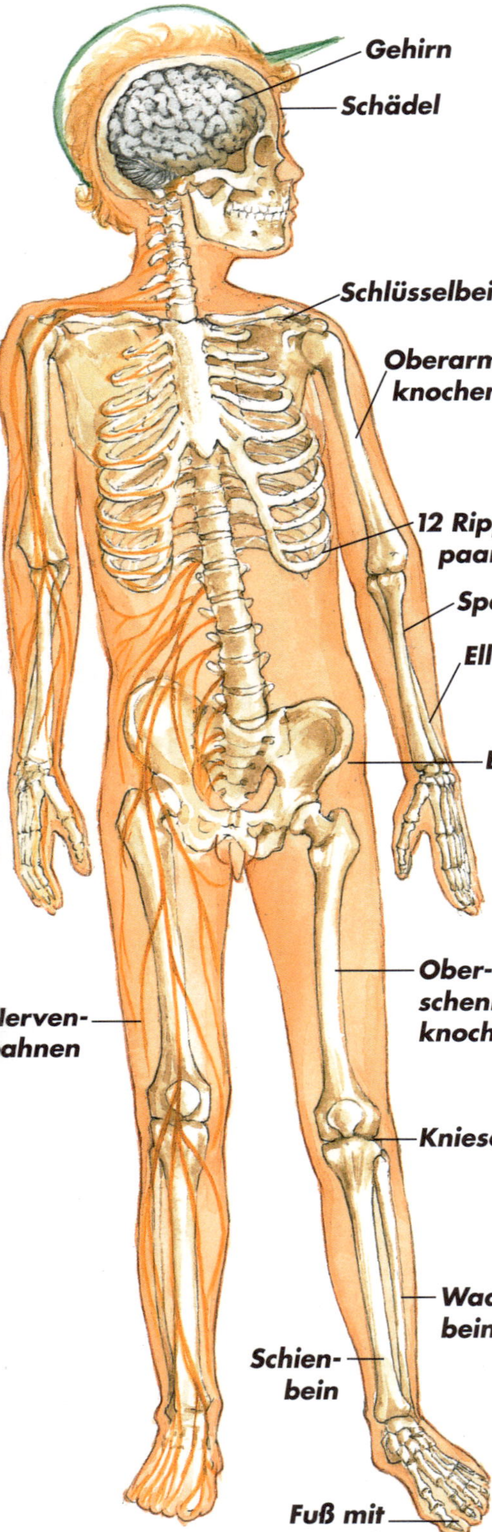

Das Skelett mit dem Gehirn und den Nervenbahnen

Das Gehirn besteht aus dem Großhirn, dem Kleinhirn und dem Hirnstamm.

Sprechen

Bewegen

Hören

Schmecken

Sehen

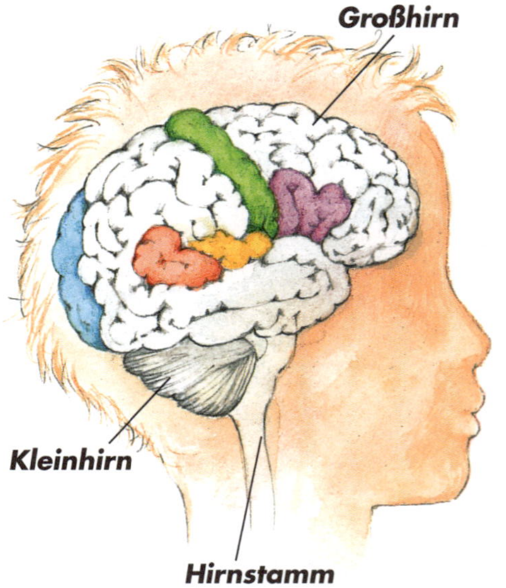

Wie sieht's in meinem Körper aus?

Philipp fährt mit seinem Rad nach Hause. „Hallo, Philipp, kommst du heute Nachmittag zum Fußballspielen?“, ruft Jan von der anderen Straßenseite.

Philipp schaut zu ihm hinüber und da passiert es schon: Er gerät mit dem Vorderrad an den Bordsteinrand, verliert das Gleichgewicht und fällt. Au!! Tut das Bein weh! Mit dem Krankenwagen wird Philipp ins Krankenhaus gebracht.

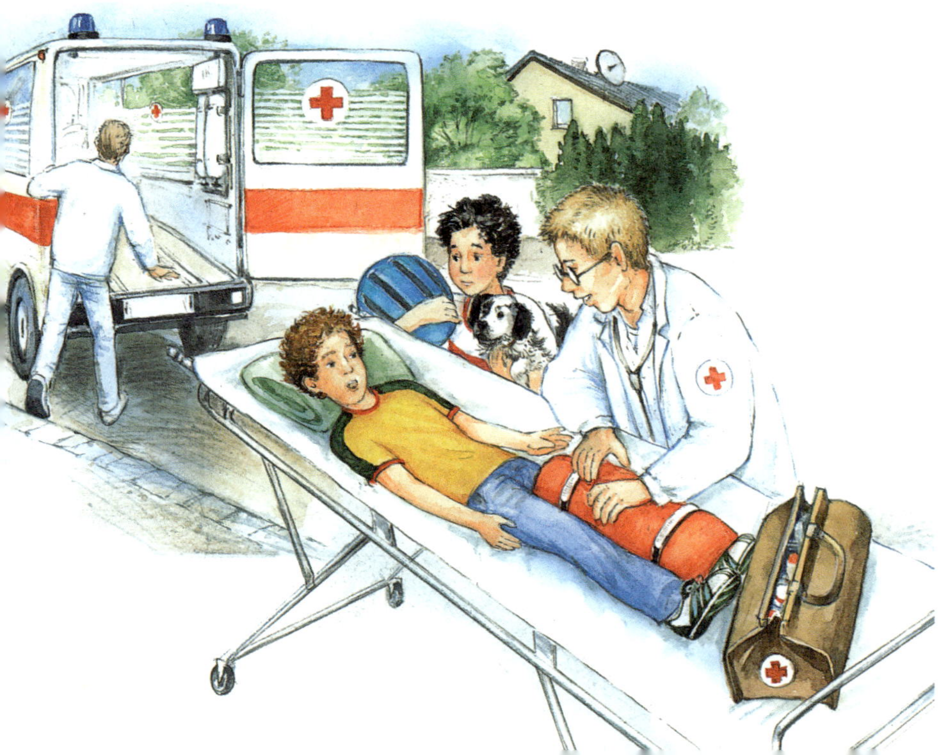

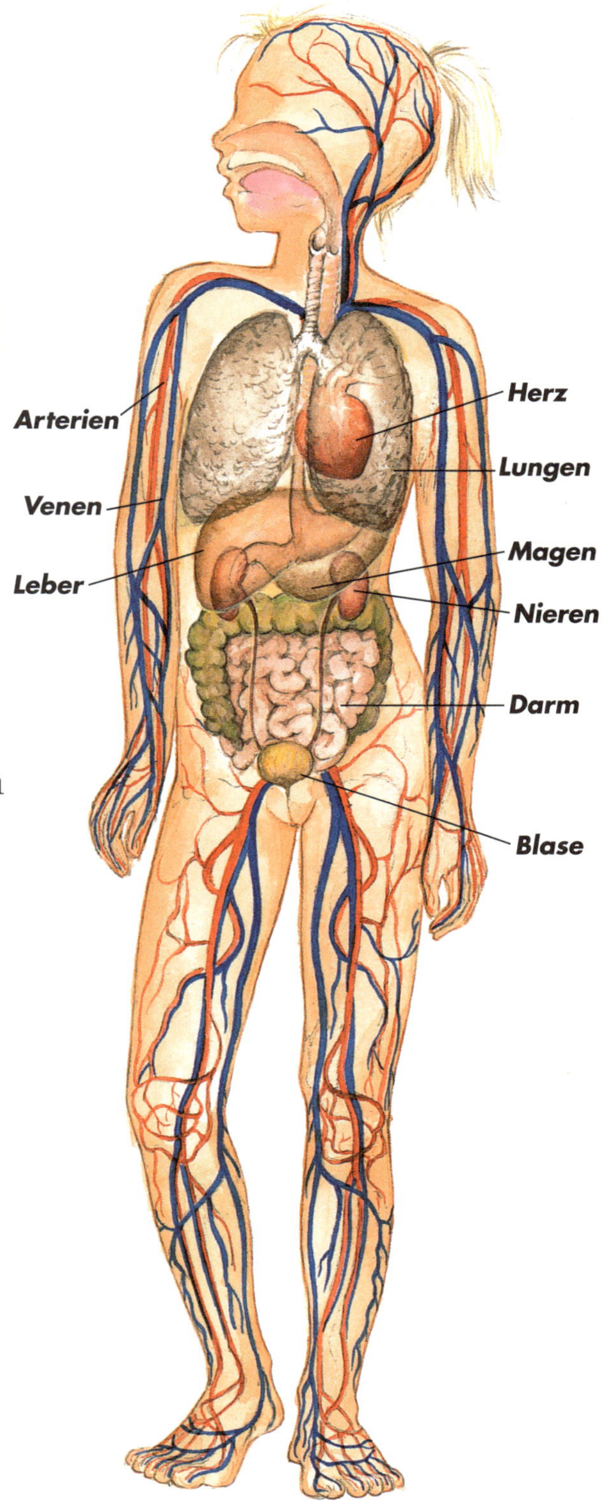

Das Herz pumpt Blut durch die Adern in alle Körperteile.

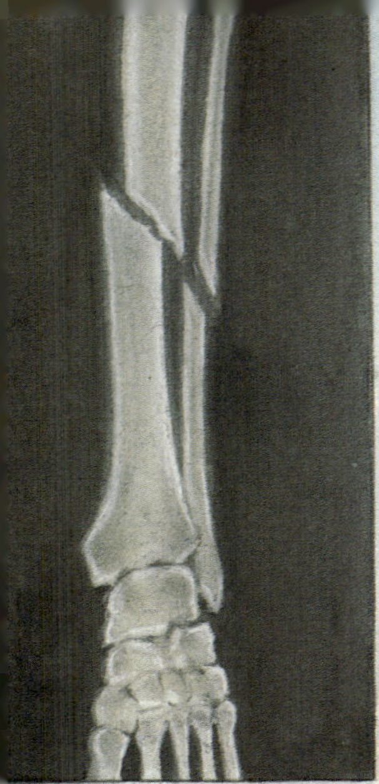

Mithilfe der Röntgenstrahlen kann man in das Innere des Körpers sehen.

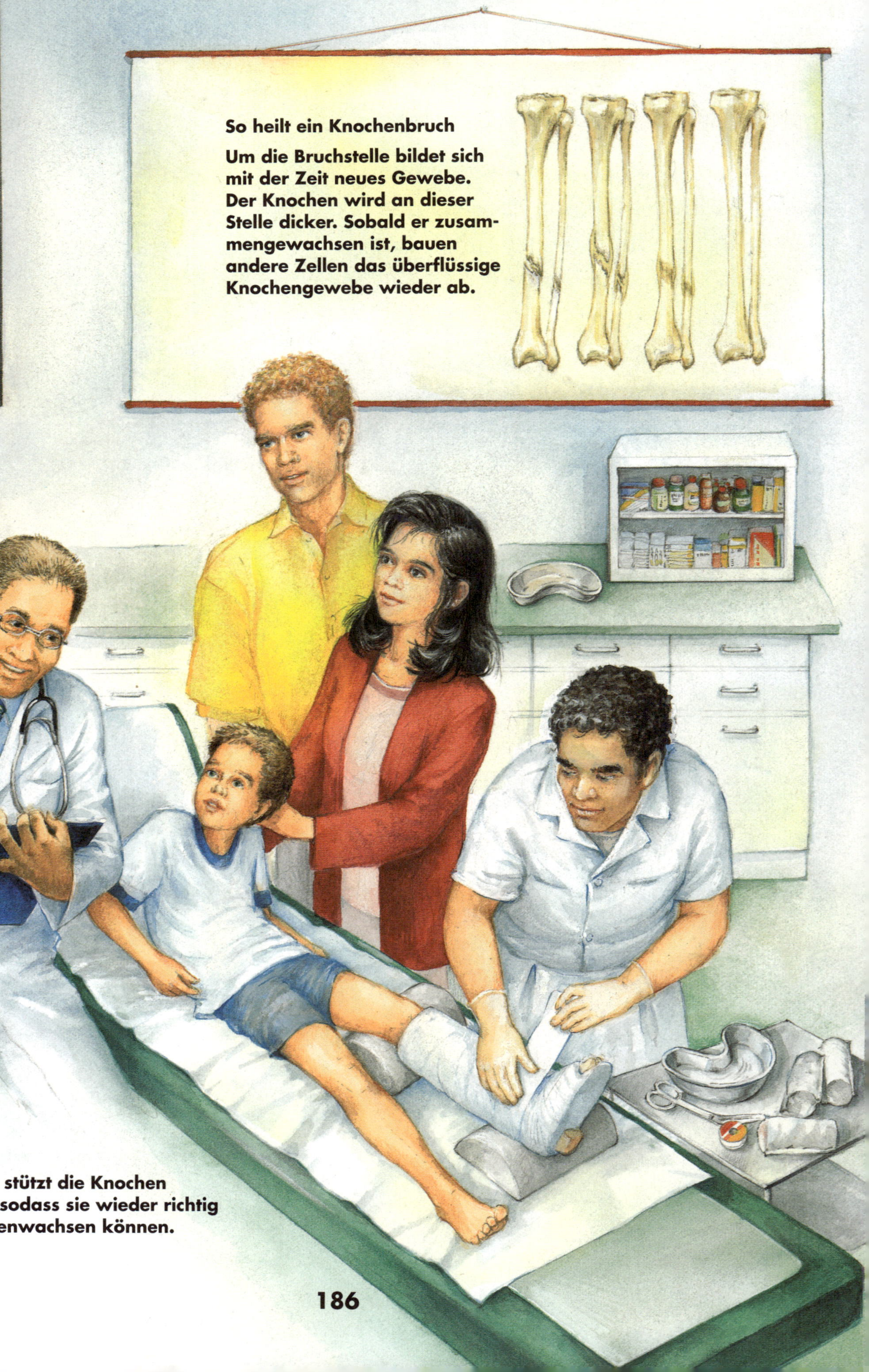

So heilt ein Knochenbruch

Um die Bruchstelle bildet sich mit der Zeit neues Gewebe. Der Knochen wird an dieser Stelle dicker. Sobald er zusammengewachsen ist, bauen andere Zellen das überflüssige Knochengewebe wieder ab.

Der Gips stützt die Knochen im Bein, sodass sie wieder richtig zusammenwachsen können.

Was hält uns aufrecht? – Knochen und Muskeln

Im Röntgenraum warten schon die besorgten Eltern. Philipps Bein wird geröntgt. Wenig später kommt der Arzt mit der Aufnahme. „Siehst du“, sagt er, „hier ist dein Bein gebrochen. Du wirst jetzt einen Gips bekommen und dann ein paar Tage bei uns im Krankenhaus bleiben. In etwa sechs Wochen kannst du wieder Fußball spielen.“

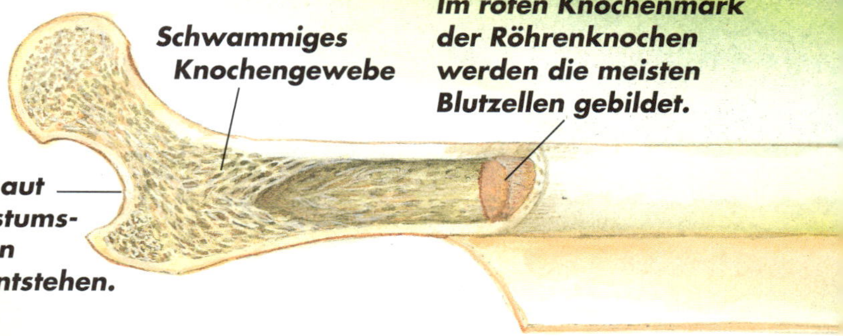

Wozu haben wir Muskeln?

Die meisten Muskeln bewegen die Knochen mit den Gelenken. Diese Muskeln können wir mit unserem Willen steuern. Andere Muskeln befinden sich in den Organen und unter der Haut. Sie arbeiten, ohne dass wir es merken. Wusstest du, dass du 17 Muskeln brauchst, um zu lächeln?

Was hält uns aufrecht?

Ohne Knochen würden wir wie ein leerer Sack zusammenfallen. Unser Skelett ist das Gerüst, in dessen Schutz die inneren Organe und das Gehirn arbeiten. Über Gelenke und Sehnen sind die Knochen mit den Muskeln verbunden. Mit ihrer Hilfe können wir uns bewegen.

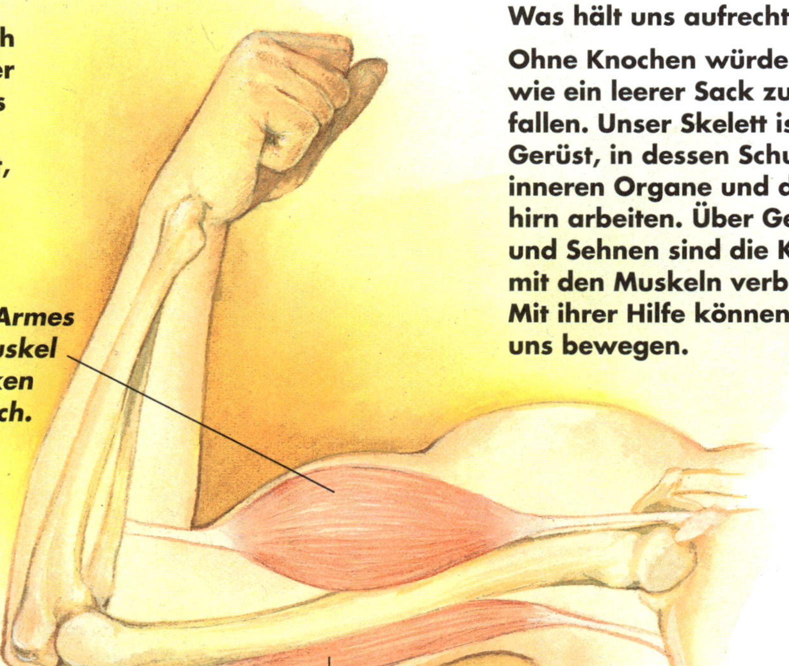

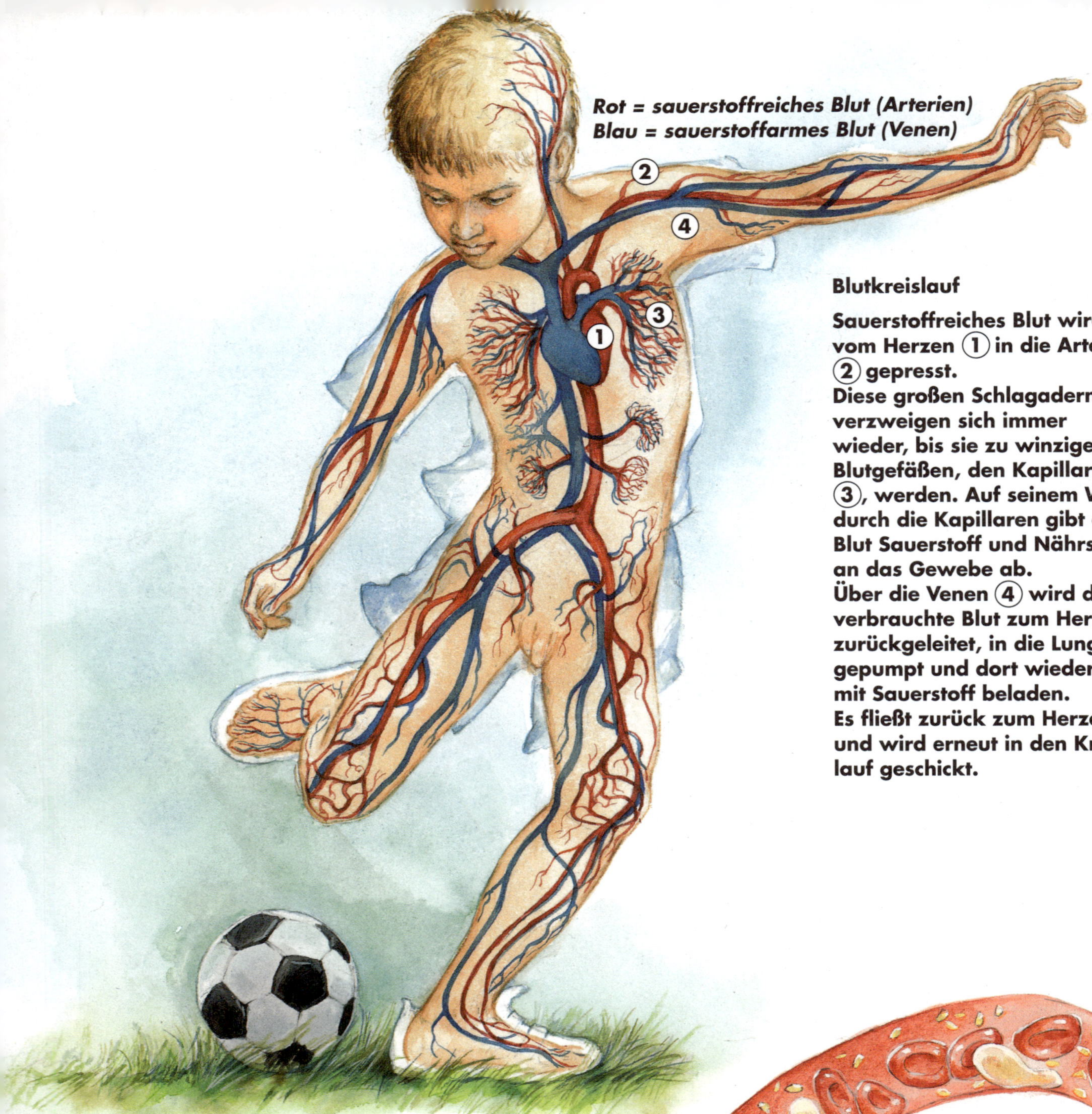

Blutkreislauf

Sauerstoffreiches Blut wird vom Herzen (1) in die Arterien (2) gepresst. Diese großen Schlagadern verzweigen sich immer wieder, bis sie zu winzigen Blutgefäßen, den Kapillaren (3), werden. Auf seinem Weg durch die Kapillaren gibt das Blut Sauerstoff und Nährstoffe an das Gewebe ab. Über die Venen (4) wird das verbrauchte Blut zum Herzen zurückgeleitet, in die Lungen gepumpt und dort wieder mit Sauerstoff beladen. Es fließt zurück zum Herzen und wird erneut in den Kreislauf geschickt.

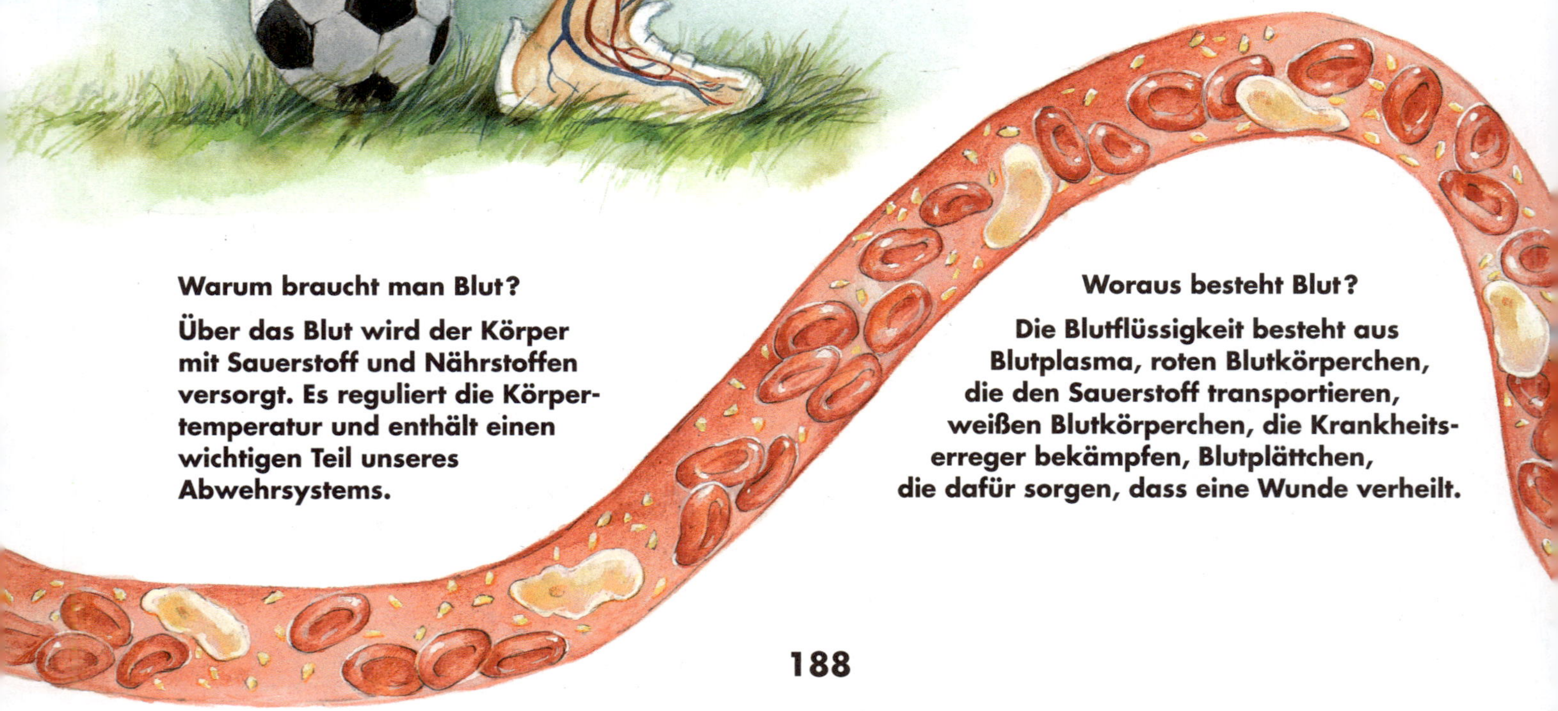

Warum braucht man Blut?

Über das Blut wird der Körper mit Sauerstoff und Nährstoffen versorgt. Es reguliert die Körpertemperatur und enthält einen wichtigen Teil unseres Abwehrsystems.

Woraus besteht Blut?

Die Blutflüssigkeit besteht aus Blutplasma, roten Blutkörperchen, die den Sauerstoff transportieren, weißen Blutkörperchen, die Krankheitserreger bekämpfen, Blutplättchen, die dafür sorgen, dass eine Wunde verheilt.

Warum wird Philipp rot? – Herz und Blutkreislauf

Nach zwei Tagen im Krankenhaus geht es Philipp schon besser. Er bekommt einen Rollstuhl und wird ins Spielzimmer geschoben. Philipp schaut sich um. Ein Mädchen spielt dort in einer Ecke. Philipp sieht sie unentwegt an. Plötzlich fragt ihn das Mädchen: „Warum starrst du mich denn dauernd an? Erzähl mir lieber, was mit deinem Bein passiert ist." Philipp spürt, wie ihm das Blut in den Kopf schießt und er rot wie eine Tomate wird. Aber dann erzählt er Lina von seinem Unfall und dass er jetzt viel lieber draußen Fußball spielen würde.

Warum wird Philipp rot?

Wenn wir aufgeregt sind oder uns etwas peinlich ist, erweitern sich die Blutgefäße unter der Haut und füllen sich mit mehr Blut. Besonders im Gesicht und am Hals wird man sehr rot.

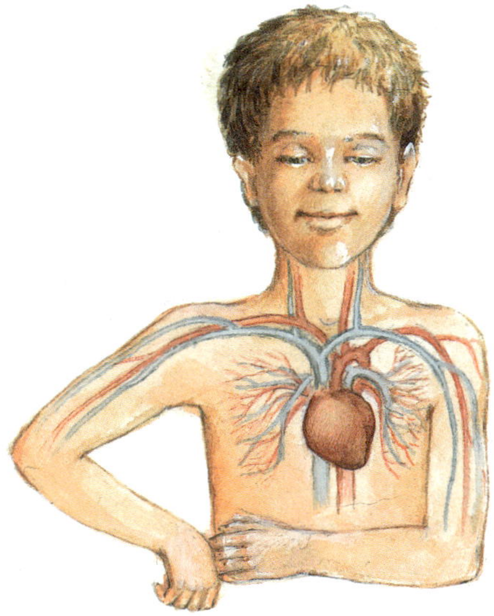

Das Herz ist die Pumpe, die unseren Kreislauf in Schwung hält. Es schlägt ohne Pause von unserer Geburt bis zum Tod – am Tag etwa 100 000-mal! Das Herz ist ein faustgroßer Muskel, der Blut durch den ganzen Körper pumpt und jede Zelle mit Nahrung und Sauerstoff versorgt.
Die linke Herzhälfte erhält sauerstoffreiches Blut aus der Lunge und pumpt es durch den ganzen Körper. Die rechte Hälfte erhält verbrauchtes, sauerstoffarmes Blut und pumpt es zurück in die Lunge.

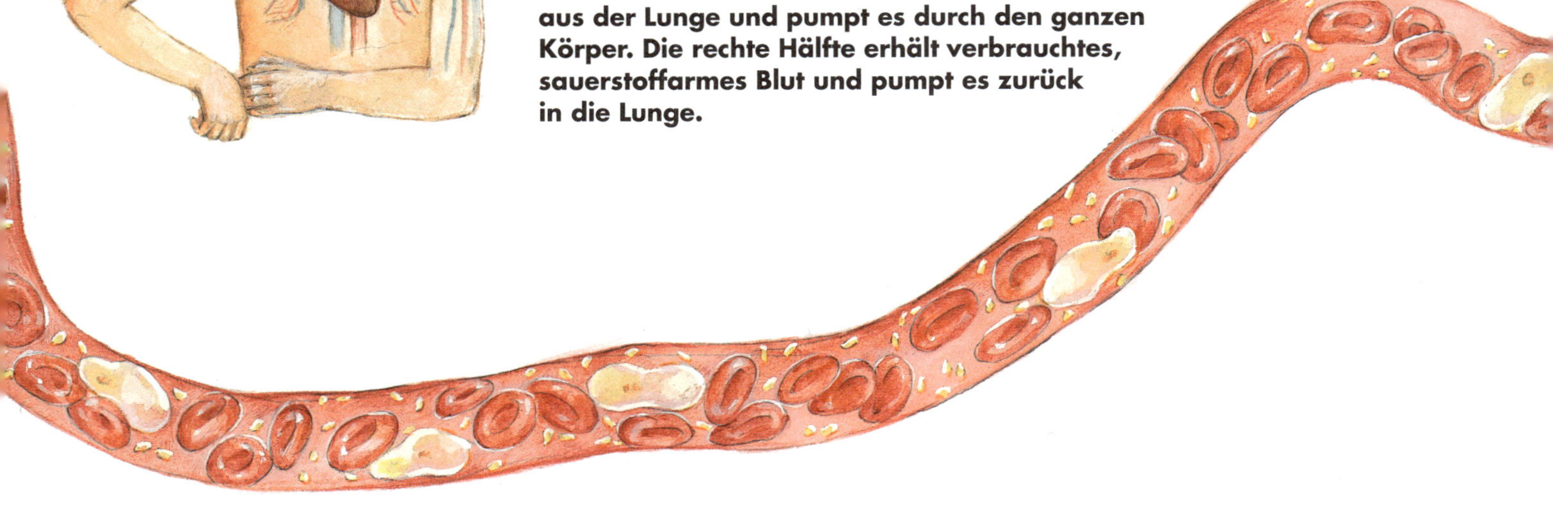

Pro Minute atmen wir etwa 10- bis 15-mal und nehmen etwa 5 bis 7 Liter Luft auf. Am Tag sind das immerhin zwischen 7000 und 10 000 Liter Luft!

Wenn wir müde sind, gähnen wir und führen so dem Körper Sauerstoff zu.

Wer hustet, hat Schmutz oder Schleim in den Bronchien.

Wenn beim Einatmen Staub in die Nase gerät, versucht die Nase ihn über Niesen wieder loszuwerden.

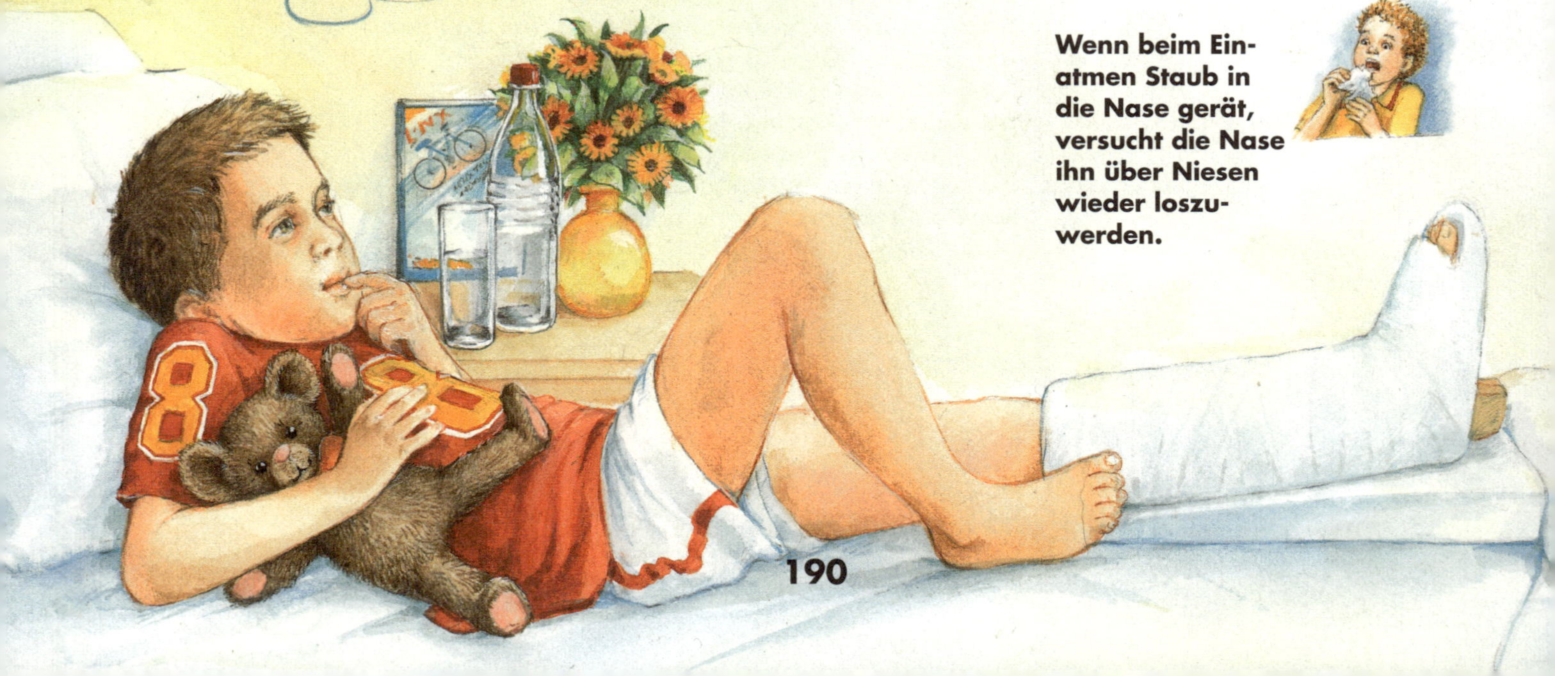

Lass mal frische Luft rein! – Lunge und Atmung

„Puh, ist bei dir ein Mief im Zimmer“, sagt der Oberarzt, als er Philipp besucht. „Du hast ja kaum noch Luft zum Atmen!“
Er geht zum Fenster, öffnet es und atmet tief ein. „Siehst du die Bäume da draußen?“, fragt er Philipp. „Sie machen aus verbrauchter Luft wieder Sauerstoff.“ Philipp überlegt eine Weile, dann sagt er: „Dann sind der Wald und wir Menschen ja echte Partner!“

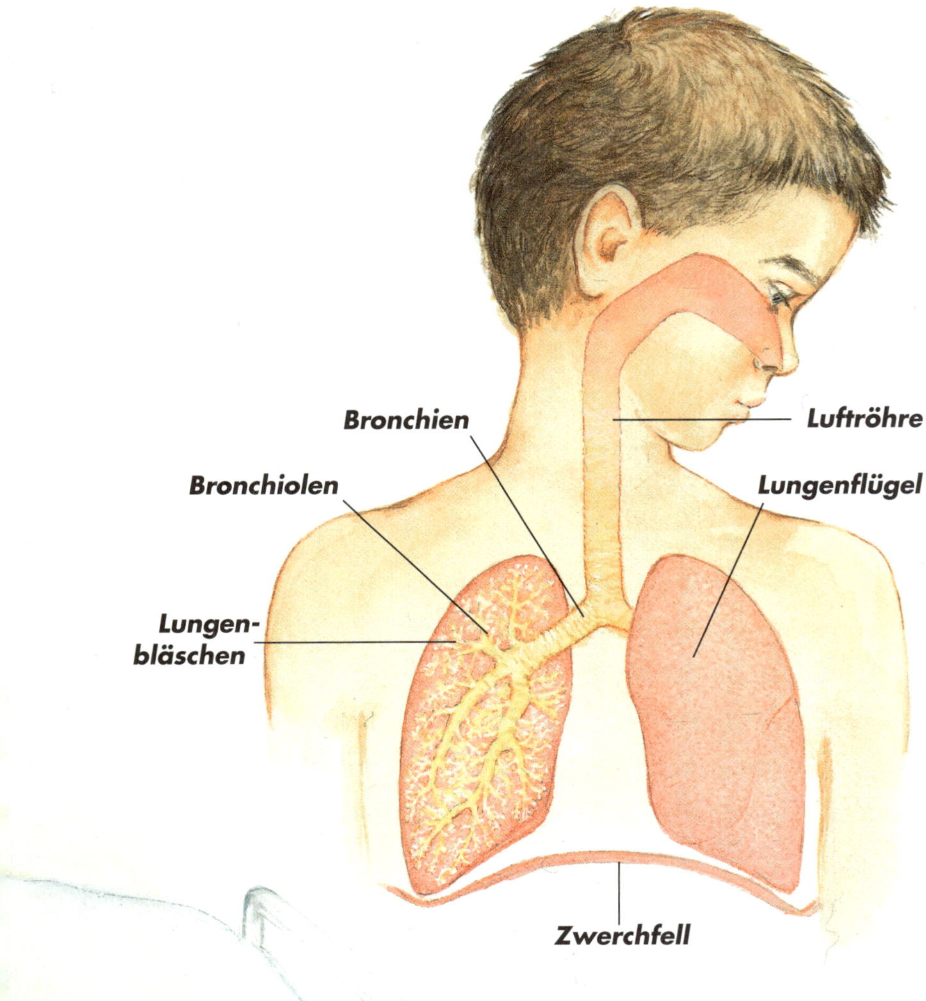

Warum müssen wir atmen?

Nichts geht ohne Luft! Beim Einatmen fließt über Nase oder Mund Luft in die Luftröhre und dann in die beiden Bronchien. Diese verzweigen sich zu noch feineren Ästchen, den Bronchiolen. An deren Ende sitzen die Lungenbläschen. Hier wird der Sauerstoff an das Blut abgegeben.
Gleichzeitig wird der Abfall aus dem Blutkreislauf, das Kohlendioxid, aufgenommen und beim Ausatmen aus dem Körper hinausgepresst.

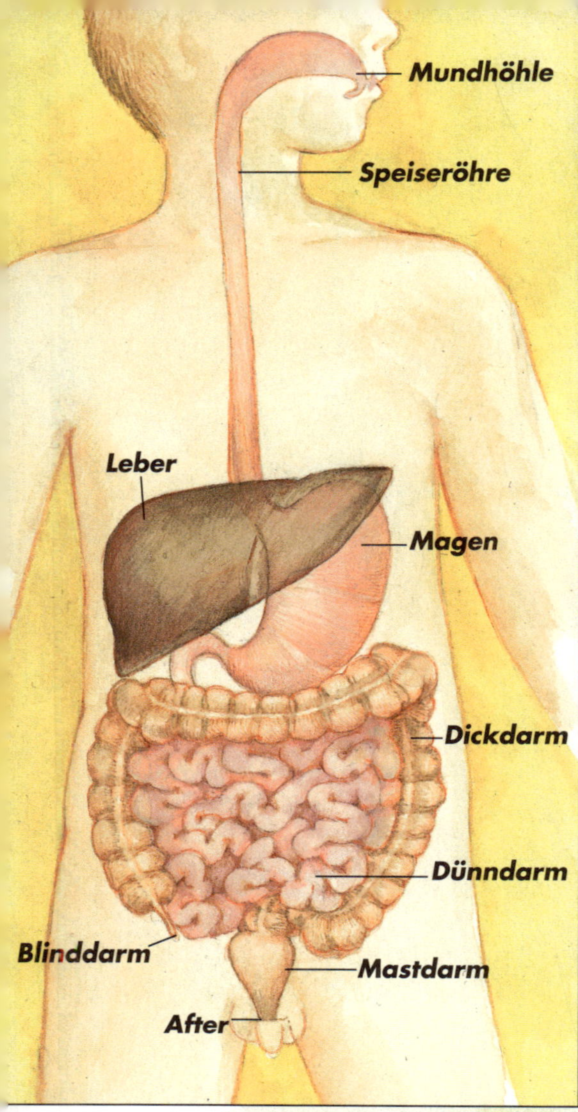

Die Verdauung

Im Mund wird die Nahrung mit Speichel vermischt und von den Backenzähnen zu einem weichen Brei zerkaut.

Der Speisebrei wird geschluckt, indem die Zunge und die Muskeln des Rachens ihn nach hinten in die Speiseröhre drücken. Dabei fällt der Kehldeckel auf die Luftröhre, damit wir uns nicht verschlucken. Die Muskeln der Speiseröhre transportieren den Brei innerhalb von 5 Sekunden in den Magen.

Im Magen bleibt der Speisebrei 1 bis 3 Stunden. Durch die Bewegung der Magenmuskeln wird er gut durchmischt und mit Magensaft durchsetzt. Nach und nach wird der zum Teil verdaute Brei in den Dünndarm abgegeben.

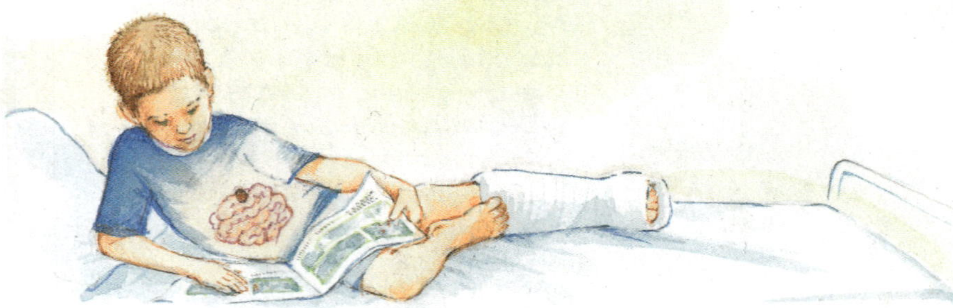

Im Dünndarm werden dem Brei Stoffe (Enzyme) aus der Bauchspeicheldrüse und der Darmwand sowie Gallenflüssigkeit zugeführt. Sie bewirken, dass die Nährstoffe durch die Darmwand in das Blut gelangen können.

Unverdaute Nahrung gelangt weiter in den Dickdarm. Hier wird ihr nochmals Wasser entzogen. Was übrig bleibt, ist Kot. Er gelangt in den Mastdarm und verlässt den Körper durch den After.

Wusstest du, dass der Darm eines Erwachsenen mehr als 8 Meter lang ist?

Eine Reise durch den Körper – die Verdauung

Philipp und Lina verbringen viel Zeit miteinander. Heute ist auch Philipps Bruder Felix im Krankenhaus. Er hat eine Tüte Kirschen mitgebracht. Lina schaut den Brüdern sehnsüchtig beim Essen zu. Sie darf noch keine Kirschen essen, weil sie am Bauch operiert worden ist. Philipp muss plötzlich husten.
„Oje, jetzt hab ich einen Stein verschluckt", sagt er. „Was mit ihm wohl geschieht?"
„Der kommt genau so raus, wie du ihn verschluckt hast", behauptet Lina. Als Philipp später aufs Klo muss, schaut er neugierig in die Schüssel – jetzt weiß er, dass Lina Recht hatte.

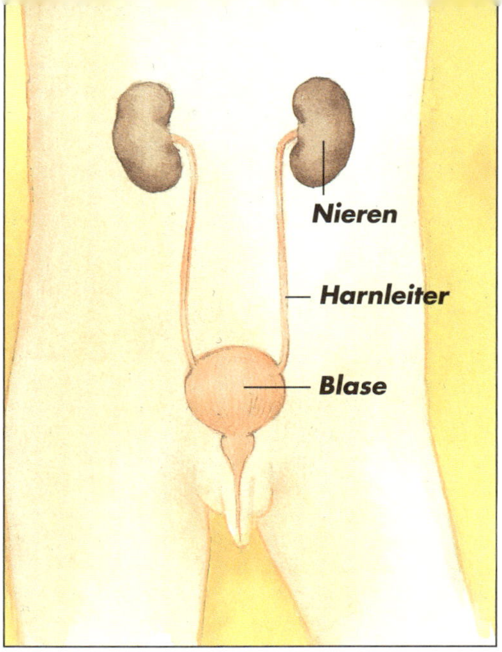

Was ist Urin?

Die Nieren reinigen das Blut, indem sie Abfallstoffe und Wasser heraus-filtern. Diese Flüssigkeit ist der Urin oder Harn. Er tröpfelt durch den Harnleiter in die Blase und wird dort gesammelt. Wenn die Blase voll ist, merken wir, dass wir aufs Klo müssen.

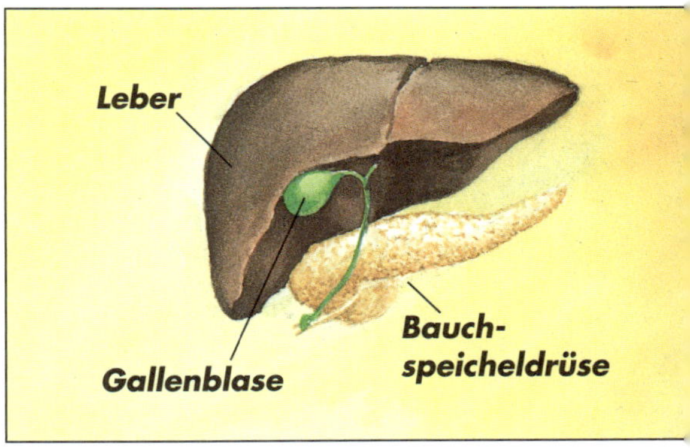

Die Leber

Die Leber ist das größte Organ in unserem Körper und für einen wichtigen Teil der Verdauung zuständig. In der Gallenblase wird eine Flüssigkeit gebildet, die die Verdauung von Fett ermöglicht.

Spiralen

Wellen

Schlaufen

Jeder Fingerabdruck ist einzigartig! Selbst die Muster, die die Rillen auf deinen 10 Fingerspitzen bilden, sind alle verschieden!

Beim Schwitzen erweitern sich die Blutgefäße unter der Haut, um Wärme abzugeben. Mit dem Schweiß wird die Hautoberfläche abgekühlt.

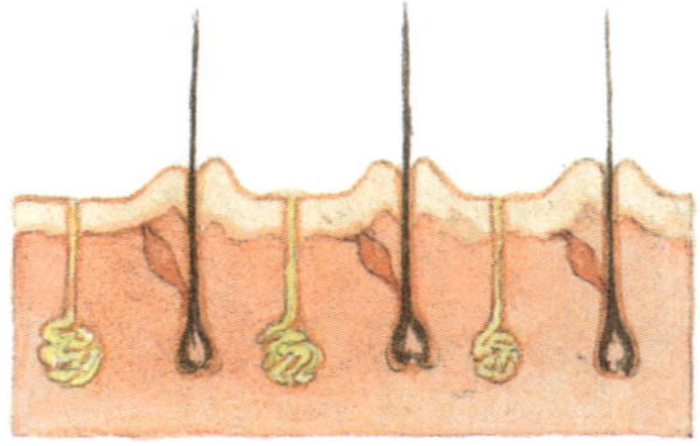

Wenn wir frieren, bekommen wir eine Gänsehaut. Dabei richten sich die kleinen Härchen der Haut auf, um eine Schicht warmer Luft direkt über der Haut festzuhalten.

Wusstest du, dass ein Stück Haut von der Größe eines Pfennigs 3 Millionen Zellen, 1 Meter Blutgefäße, 80 Schweißdrüsen und etwa 35 Nervenenden enthält?

Ist das heiß! – Die Haut

Philipp und Lina müssen nur noch zwei Tage im Krankenhaus bleiben. Weil es so heiß ist, hat ihnen der Oberarzt erlaubt, im Krankenhauspark ein wenig Ball zu spielen. Obwohl Philipp im Rollstuhl sitzt, fängt er viele Bälle. Mittlerweile kann er den Rollstuhl gut lenken. Allerdings kommt er dabei ganz schön ins Schwitzen. Sein Bein fängt unter dem Gips zu jucken an, weil sich Schweiß darunter gesammelt hat.

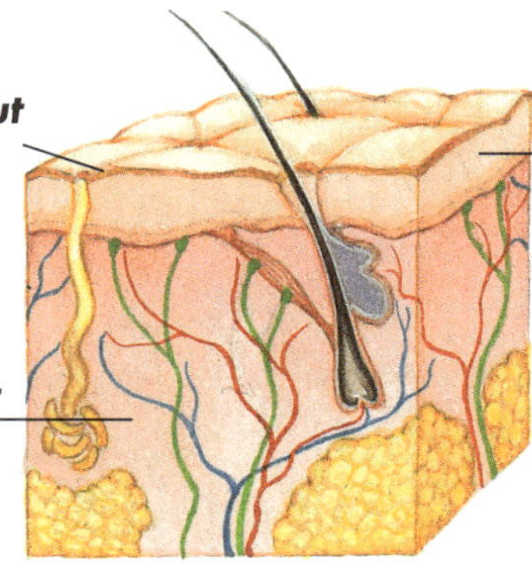

Die Haut besteht aus 3 Schichten:

Die Oberhaut verhindert das Eindringen von Bakterien und Schmutz in den Körper. Die Lederhaut schützt gegen Stöße. Sie ist elastisch und enthält Blutgefäße, Nerven, Talg- und Schweißdrüsen sowie die Haarwurzeln. Das Unterhautgewebe besteht vor allem aus Bindegewebe und Fettzellen. Es schützt uns vor Kälte.

Die Haut verhindert, dass wir austrocknen, und hält Schmutz und Bakterien fern. Außerdem lassen sich mit der Haut mehrere Sinneseindrücke wahrnehmen. Über sie empfinden wir Druck, Hitze, Kälte und Schmerz.

Wieso gibt es verschiedene Hautfarben?

Tief unten in der Oberhaut befinden sich Zellen, die einen besonderen braunen Farbstoff, das Melanin, bilden. Es schützt den Körper vor den gefährlichen Strahlen der Sonne. Je stärker die Sonne scheint, desto mehr Pigmente werden gebildet. Die Haut wird braun. Menschen in südlichen Ländern sind mehr der Sonne ausgesetzt. Ihre Haut ist dunkler.

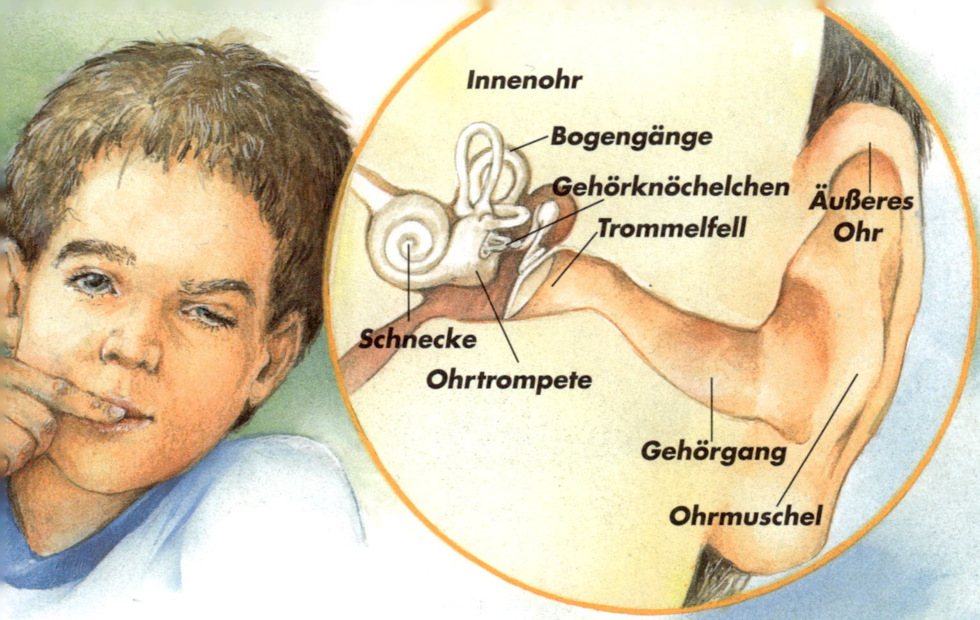

Wenn du dich bewegst, bewegt sich die Flüssigkeit in den Bogengängen des Innenohres mit. Über Nervenenden wird dem Gehirn mitgeteilt, ob du dich nach vorn, hinten oder zur Seite neigst.

Hören

Geräusche breiten sich wellenförmig durch die Luft aus. Unsere Ohrmuscheln fangen sie auf. Die Schallwellen gelangen über den Gehörgang zum Trommelfell und bringen es zum Schwingen.
Diese Schwingung überträgt sich auch auf die Gehörknöchelchen im Mittelohr und auf das mit einer Flüssigkeit gefüllte Innenohr.
Die Schnecke ist der Teil des Innenohrs, in dem sich die Hörzellen befinden. Sie wandeln die Schwingungen in Botschaften an das Gehirn um.

Ich höre was, was du nicht siehst! – Hören und Sehen

Lina hat ihre Lupe aus dem Zimmer geholt und beobachtet, wie ein paar Ameisen eine tote Wespe zerlegen. Durch die Lupe werden aus den Ameisen plötzlich riesige Tiere. Philipp hat seine Augen geschlossen. Er hört sich auf einem Walkman seine Lieblingsmusik an. „Mit geschlossenen Augen kann ich viel mehr hören“, meint er. Auch Lina schließt ihre Augen. Plötzlich hört sie Dinge, die sie vorher nicht wahrgenommen hat: einen Rasenmäher, unterschiedliche Vogelstimmen, Stimmen hinter den Büschen …

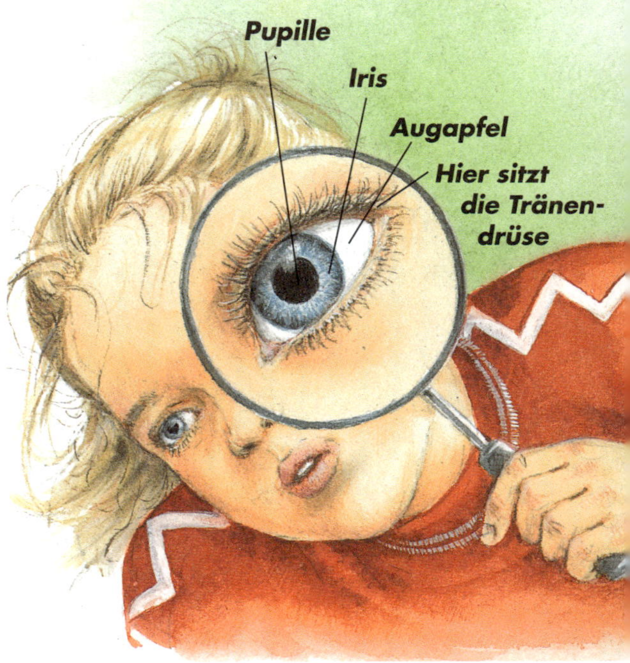

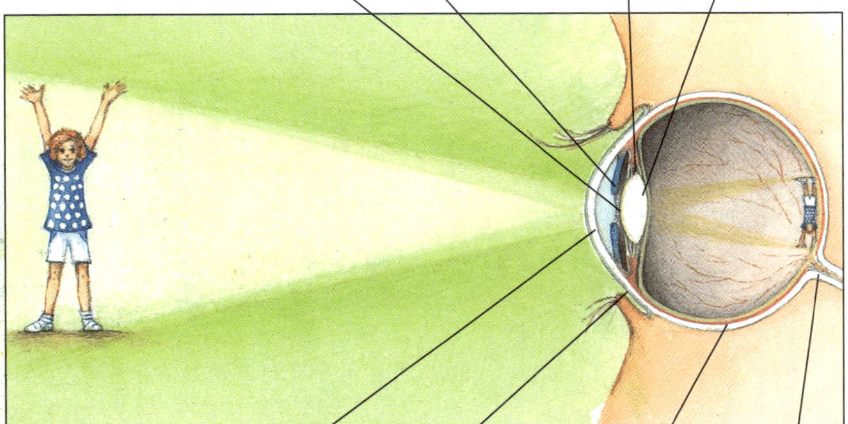

Sehen

Lichtstrahlen treffen auf die Hornhaut und werden durch die Pupille ins Innere des Auges gelenkt. Die Linse bündelt die Strahlen und wirft sie verkehrt herum auf die Netzhaut mit ihren Millionen von Sinneszellen. Diese nehmen Licht und Farben wahr und geben ihre Informationen über den Sehnerv an das Gehirn weiter. Dort werden sie in Bilder umgesetzt.

Deine Augen produzieren ständig Tränenflüssigkeit, damit sie feucht, sauber und staubfrei bleiben. Wenn du traurig bist oder sehr lachen musst, werden besonders viele Tränen produziert – dann kullern sie dir über die Wangen.

Salzig

Bitter

Sauer

Süß

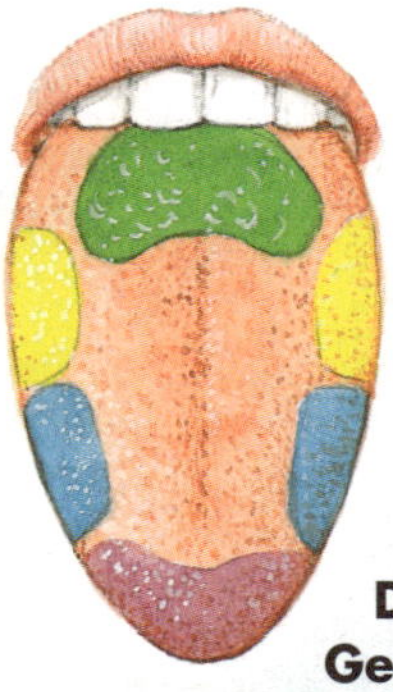

Beim Schlucken wird der Speisebrei mit der Zunge nach hinten gedrückt. Damit kein Essen in die falsche Öffnung gelangt, verschließt der weiche Gaumen den Weg zur Nase und der Kehldeckel die Luftröhre.

Deine Zunge ist mit Millionen von Geschmacksknospen bedeckt. Damit kann sie 4 Geschmacksrichtungen unterscheiden. Süß, sauer und salzig schmeckst du an den Seiten und an der Zungenspitze, bitter ganz hinten.

Schluckauf

Wenn man hastig isst oder trinkt, kann es passieren, dass der Zwerchfellmuskel unter der Lunge plötzlich zu zucken anfängt. Dabei wird ruckweise Luft in die Lunge gesaugt. Damit nicht zu viel Luft in die Lunge gelangt, schließt sich die Klappe in der Luftröhre. Dabei entsteht das Schluckauf-Geräusch.

Das große Fest – Riechen und Schmecken

Philipp und Lina werden heute aus dem Krankenhaus entlassen. Ihre Eltern haben sich eine tolle Überraschung ausgedacht. Lina darf mit zu Philipp nach Hause. Dort findet ein großes Willkommensfest mit vielen Freunden statt. Es gibt Kuchen, Obst, Salate und Würstchen. Vor dem Essen muss Lina ihre eklige Medizin schlucken. „Du Arme“, bedauert sie Philipp. „Ach, das ist gar nicht so schlimm“, sagt Lina. „Ich kenne einen Trick. Beim Schlucken halte ich einfach die Nase zu, dann schmecke ich fast gar nichts.“

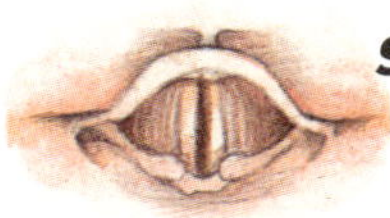

So entsteht ein hoher Ton ...

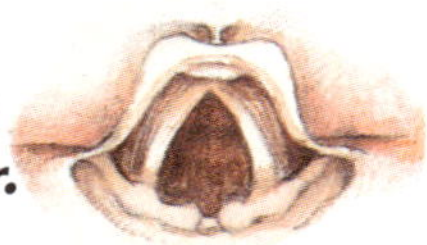

... so ein tiefer.

Sprechen

Im Rachen befindet sich der Kehlkopf. Er ist Teil der Luftröhre. Beim Sprechen dringt Luft durch den Kehlkopf und versetzt die darin verlaufenden Stimmbänder in Schwingungen. Dadurch entsteht ein Ton. Verändert wird dieser Ton durch die Gesichtsmuskeln, die Lippen und die Zunge, die das Geräusch in Sprache verwandeln. Sind die Stimmbänder gespannt, entsteht ein hoher Ton, sind sie geöffnet, ein tiefer.

Riechen und Schmecken

Wusstest du, dass geriebener Apfel und geriebene Zwiebel gleich schmecken, wenn man sich die Nase zuhält? Mit deiner Nase kannst du nicht nur riechen: Sie hilft dir auch beim Schmecken. Während du isst, gelangen winzige Duftteilchen aus der Nahrung in deine Nase.

Dort sind Nervenzellen, die dem Gehirn melden, was du gerade riechst. Der Geruchssinn ist 20 000-mal empfindlicher als der Geschmackssinn.

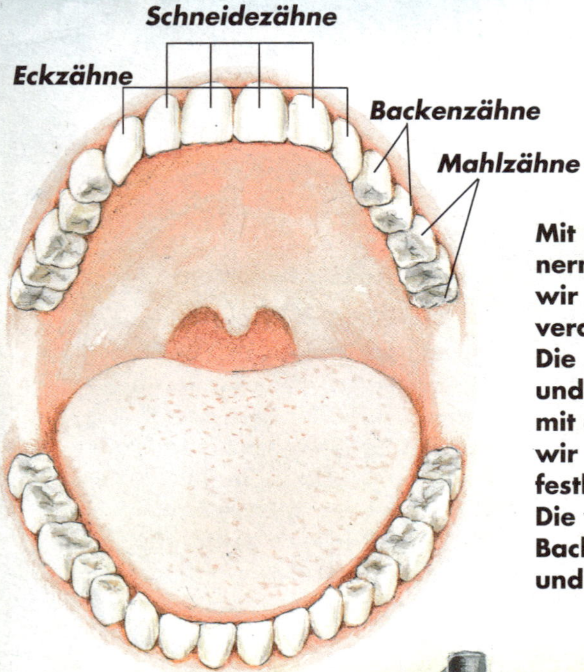

Mit unseren Zähnen zerkleinern wir die Nahrung, damit wir sie leichter schlucken und verdauen können.
Die Schneidezähne schneiden und zerkleinern das Essen; mit den Eckzähnen können wir etwas abreißen oder festhalten.
Die vorderen und hinteren Backenzähne sind zum Kauen und Mahlen da.

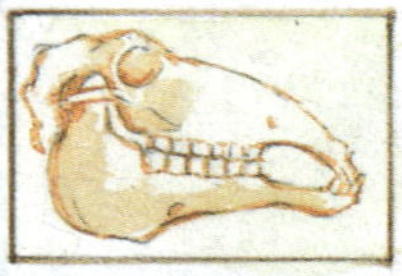

Pferde sind Pflanzenfresser und haben vorwiegend Mahlzähne.

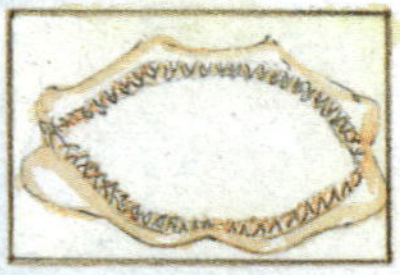

Bei Haien wird jeder abgebrochene Zahn sofort durch einen neuen ersetzt.

Raubtiere haben scharfe Reißzähne.

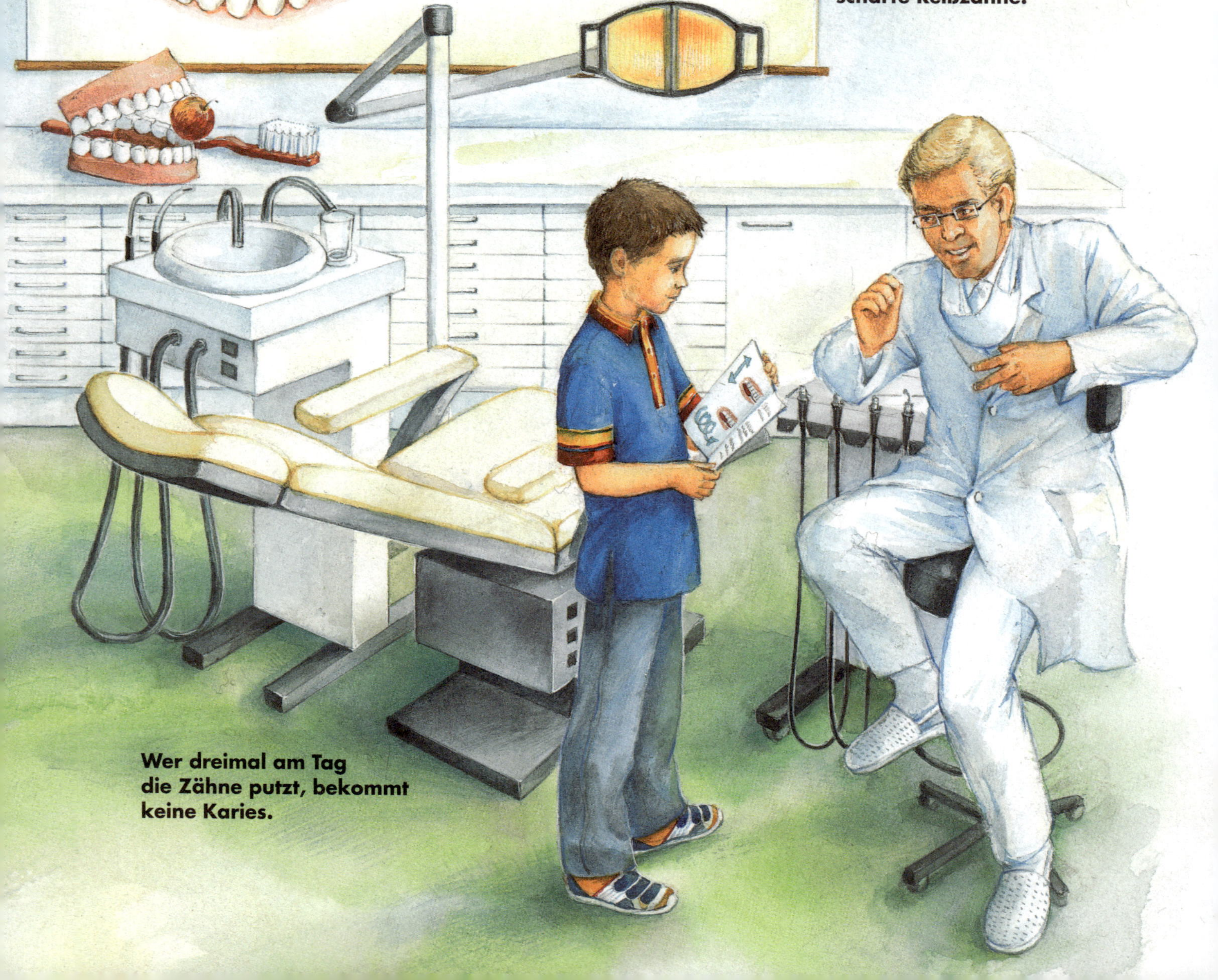

Wer dreimal am Tag die Zähne putzt, bekommt keine Karies.

Beim Zahnarzt – Die Zähne

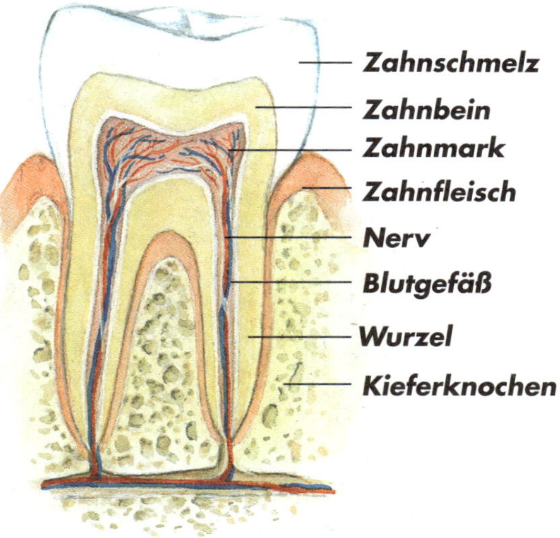

Philipp kommt stolz vom Fußballspielen nach Hause. Heute hat er sein erstes Tor seit seinem Beinbruch geschossen. Er nimmt sich einen Apfel aus der Obstschale und beißt hinein. Verflixt, denkt er, jetzt tut mir der Zahn schon wieder weh! Beim Abendbrot kann Philipp kaum seinen warmen Tee trinken.
„Ich glaube, da ist ein Besuch beim Zahnarzt fällig“, sagt seine Mutter. Am nächsten Tag geht Philipp zu Dr. Kiefer. Der erklärt ihm, dass er ein kleines Loch im Backenzahn hat. Philipp ist tapfer, er zuckt nur ein kleines bisschen, als Dr. Kiefer bohrt.

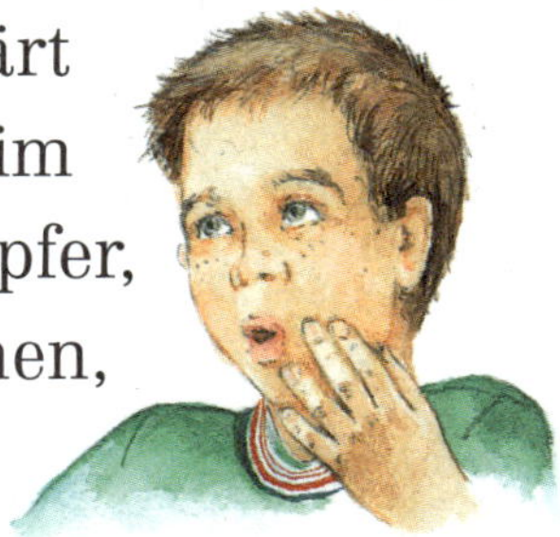

Nur die Zahnkrone ist über dem Zahnfleisch sichtbar. Die viel längere Wurzel ist fest im Kieferknochen verankert. Harter weißer Zahnschmelz bedeckt die Krone. Darunter liegt das weichere Zahnbein. Darin ist eine Höhlung, die das Zahnmark mit den Nerven und Blutgefäßen enthält.

Den ersten Zahn bekommt ein Baby etwa mit einem halben Jahr. Wenn ein Kind 2 Jahre alt ist, hat es alle 20 Milchzähne. Mit etwa 6 Jahren fallen die Milchzähne allmählich aus und werden nach und nach durch die „Erwachsenenzähne“ ersetzt. Mit den Weisheitszähnen hat jeder Mensch 32 Zähne.

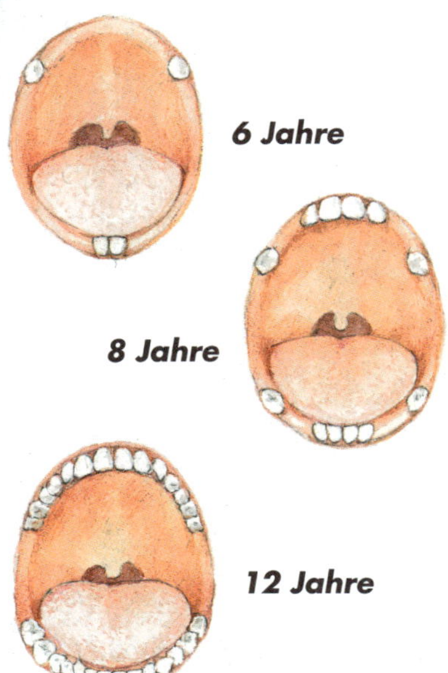

Was ist Karies?

Wenn du die Zähne nicht putzt, siedeln sich Bakterien an. Sie ernähren sich vom Zucker süßer Speisen und bilden dabei eine Säure, die den Zahnschmelz auflöst. So entsteht ein Loch, das immer größer wird. Schmerzen treten erst dann auf, wenn Speisen oder Getränke zum Zahnbein und den empfindlichen Nerven vordringen. Saubere Zähne und wenig Süßigkeiten sind der beste Schutz vor Karies!

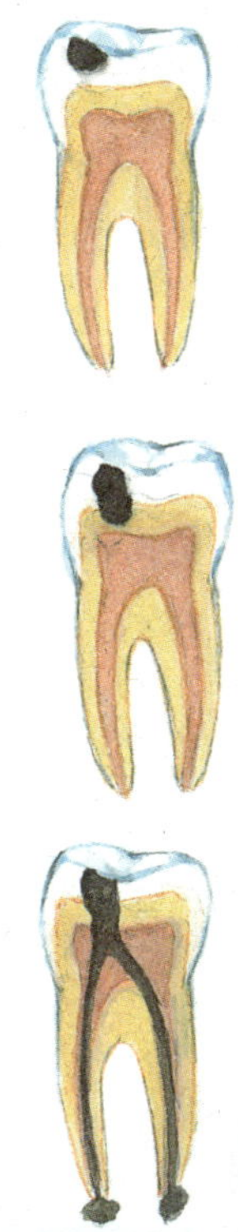

Papa als 12-jähriger
3 Generationen
Mama als Kleinkind
Oma+Opa bei ihrer Hochzeit

Wachsen und älter werden

Draußen regnet es. Papa, Mama, Felix und Philipp kuscheln zusammen auf dem Sofa. Sie schauen sich Familienfotos an. „Mama, du warst ja richtig dick als Baby", sagt Philipp. „Komisch, dass man sich im Leben dauernd verändert!"

„Ja, und jetzt wird Mama wieder von Woche zu Woche dicker", stellt Felix fest. Mama und Papa schauen sich lachend an. „Kein Wunder", meint Papa, „Mama bekommt ja bald ein Baby." Die Jungen freuen sich. „Ich möchte aber ein Mädchen", sagt Felix. „Ein Bruder reicht mir schon!"

Was geschieht beim Älterwerden?

Je älter man wird, desto langsamer erneuern sich die Zellen im Körper und damit auch die Organe. Die Haut wird faltiger, die Augen und das Gehör werden schwächer, und man wird anfälliger für Krankheiten.

Wachsen

Am Anfang seines Lebens wächst ein Mensch sehr schnell. Innerhalb von 9 Monaten wird aus einer winzigen befruchteten Eizelle ein Baby von 3 bis 4 Kilo Gewicht und etwa 50 cm Länge. Wenn ein Mädchen über 7 und ein Junge etwa 9 Jahre alt ist, haben sie bereits drei Viertel ihrer Erwachsenengröße erreicht. Mit etwa 20 Jahren hat ein Mensch seine endgültige Körpergröße erreicht.

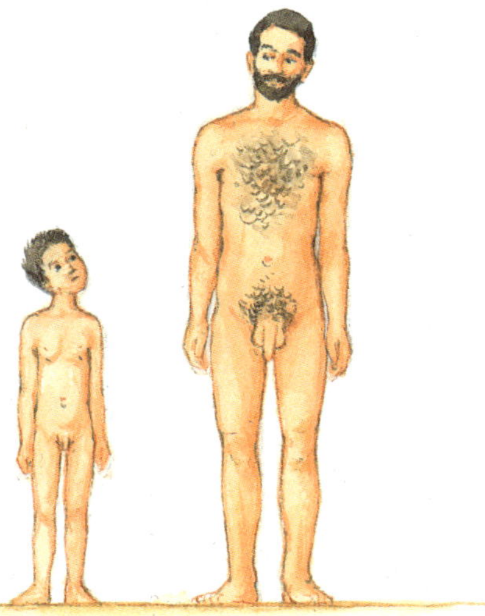

Mann ...

Hinter dem Glied befinden sich die Hoden, in denen die Samenzellen produziert werden. In der Spitze des Gliedes, der Eichel, liegt eine kleine Öffnung. Aus ihr kommen sowohl Urin als auch die Samenflüssigkeit – allerdings nie gleichzeitig.

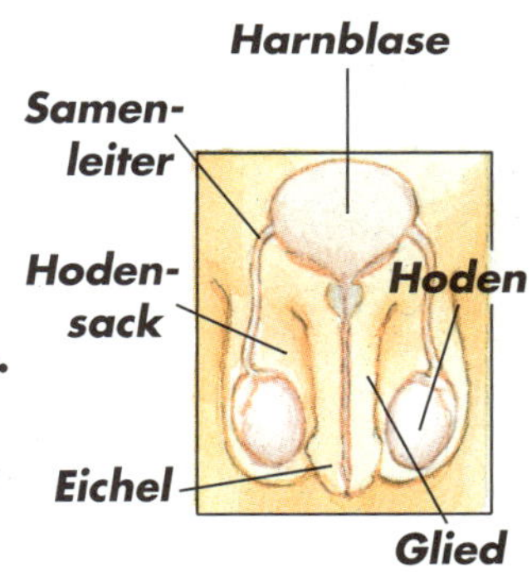

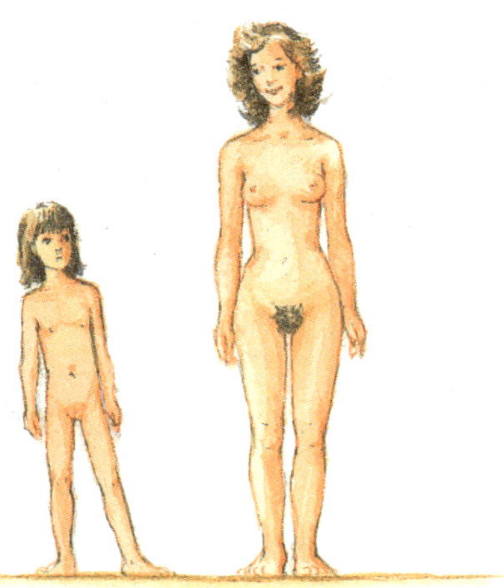

... und Frau

Jeden Monat wandert eine Eizelle über den Eileiter in die Gebärmutter. Wenn sie auf ihrem Weg dorthin von einer männlichen Samenzelle befruchtet wird, entsteht ein neuer Mensch. Wenn nicht, löst sich die Eizelle in der Gebärmutter auf – und es kommt zur Monatsblutung.

Die Geschlechtsorgane von Kindern sind kleiner als bei Erwachsenen. Mit etwa 10 Jahren beginnen sie zu wachsen.

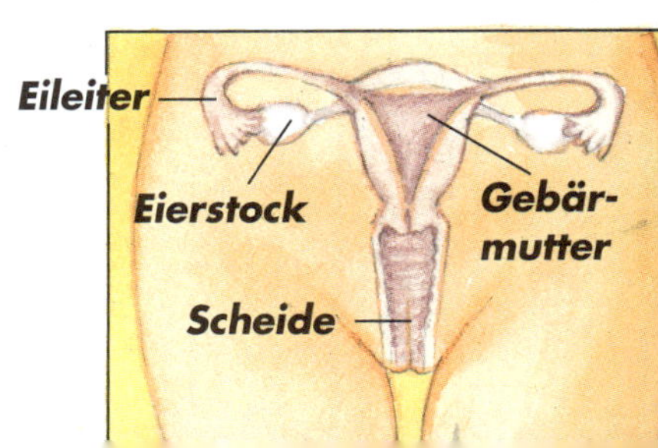

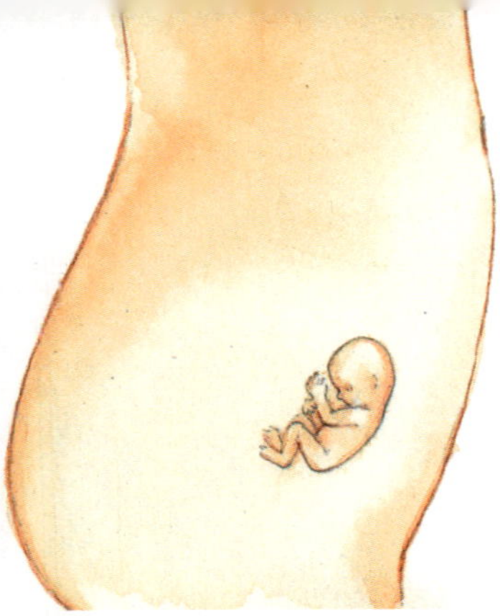

Das Baby kann schon
die Hand ballen und den
Mund bewegen.

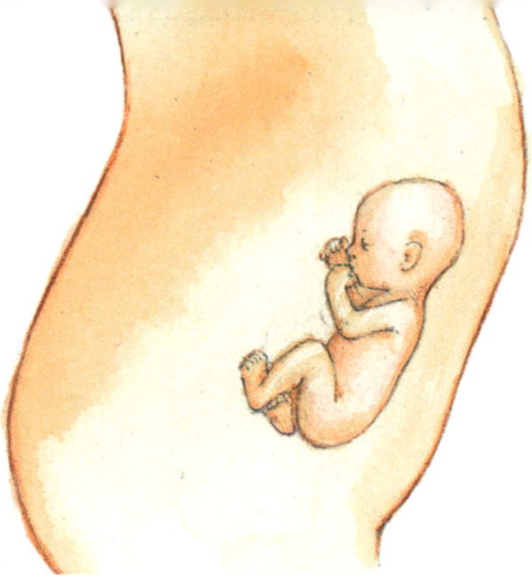

Das Baby hört Geräusche
von außen und
kann lächeln.

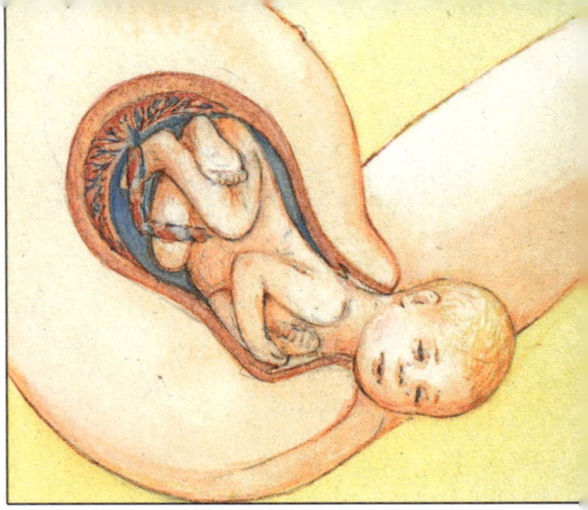

In den letzten Wochen wird
es dem Baby im Bauch un-
gemütlich. Es hat kaum noch
Platz und dreht sich mit dem
Kopf in Richtung Scheide.
Nach etwa 38 Wochen im
Mutterleib wird das Baby
geboren.

Hurra, ein Schwesterchen! – Befruchtung und Geburt

Die Zeit vergeht wie im Flug. Mamas Bauch wird immer dicker. Eines Morgens ist Mama ganz unruhig. Philipp und Felix gehen mit einem ganz komischen Gefühl in die Schule. Als sie nach Hause kommen, macht ihnen Opa die Tür auf. „Gratuliere“, sagt er, „ihr habt heute ein kleines Schwesterchen bekommen. Es heißt Elisa.“
Die beiden Jungen freuen sich riesig.
Sie können es kaum abwarten, bis sie zu Mama und Elisa ins Krankenhaus dürfen.

So entsteht ein Kind

Wenn ein Mann und eine Frau miteinander schlafen, erleben meist beide einen Höhepunkt. Das ist für beide ein schönes Gefühl. Beim Mann spritzt beim Höhepunkt Samenflüssigkeit aus dem Glied. Dabei schwimmen Millionen von Samenzellen durch die Scheide und die Gebärmutter bis in den Eileiter.
Alle vier Wochen reift im Eierstock ein Ei heran.
Beim Eisprung ① löst es sich heraus und wandert in den Eileiter. Wenn eine Samenzelle auf das Ei trifft, findet eine Befruchtung ② statt.

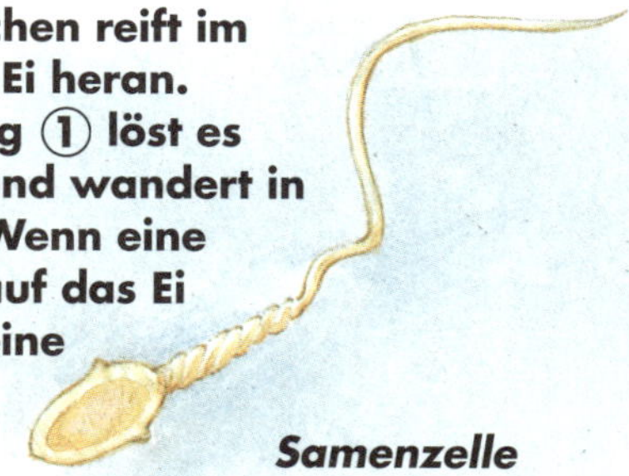

Samenzelle

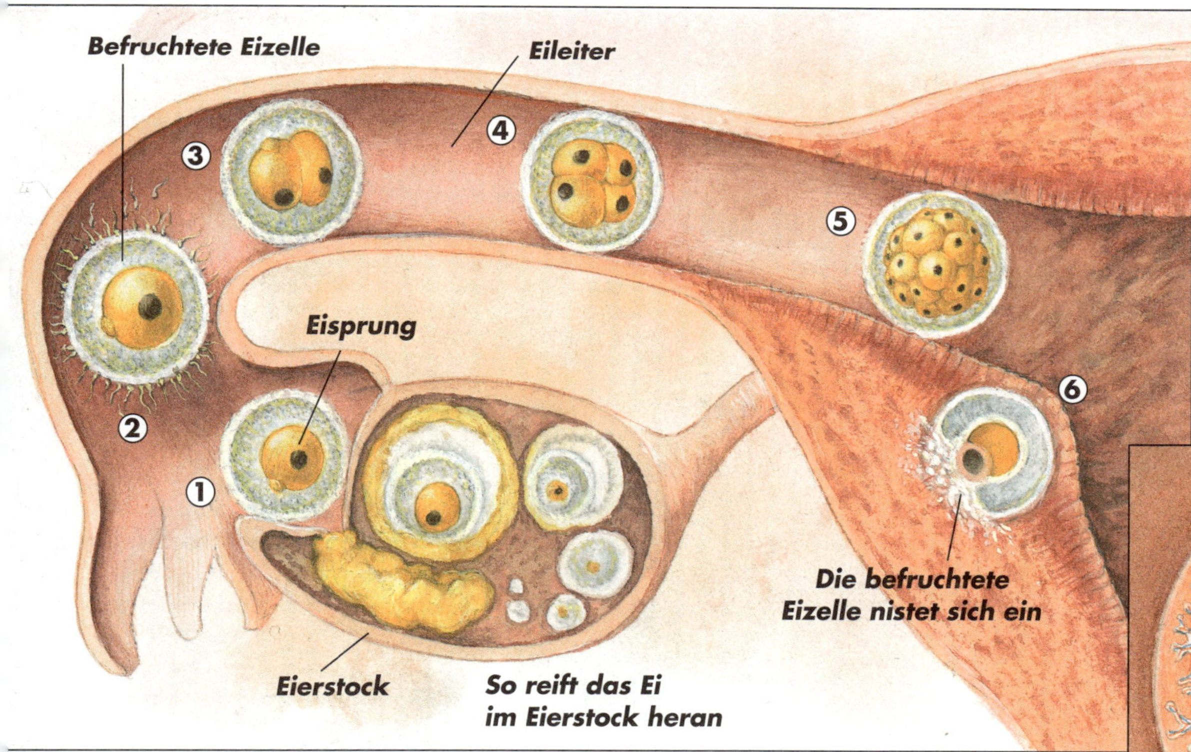

Nach der Befruchtung teilt sich die Eizelle immer wieder (③, ④), bis eine winzige Zellkugel ⑤ entsteht.
Die Zellkugel wandert weiter in die Gebärmutter und nistet sich dort in der Gebärmutterschleimhaut ein ⑤. Hier wächst und entwickelt sich die kleine Kugel allmählich zu einem kleinen Menschen.

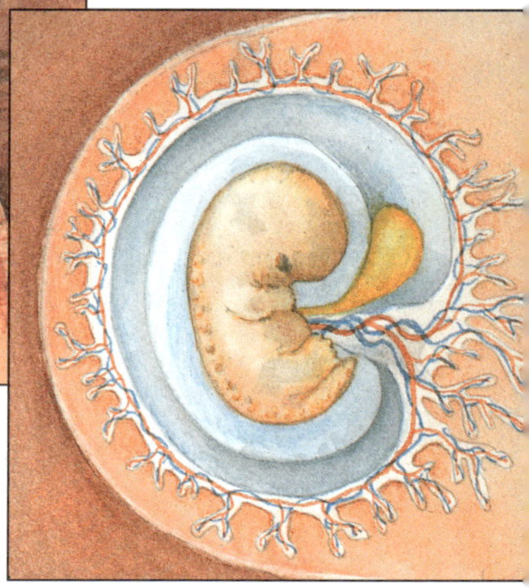

Nach 6 Wochen ist das Baby etwa 7 Millimeter groß, und sein Herz beginnt zu schlagen.

Viele unserer Eigenschaften sind erblich. Dennoch wird nicht alles an uns vererbt. Wo und wie wir leben, was wir essen und vieles andere beeinflussen Aussehen oder Körpergröße. So kann auch ein eher kleiner und schmächtiger Mensch durch gute Ernährung und viel Sport kräftig werden.

Jeder hat von jedem was – Die Vererbung

Philipp und Felix putzen sich die Zähne. Felix schneidet im Spiegel Grimassen. „Was machst du denn da?“, fragt Mama, die mit Elisa ins Bad kommt. Bevor Felix antworten kann, kommt auch noch Papa. „Hat jemand meinen linken Schuh gesehen?“, fragt er. Da muss Philipp plötzlich lachen. „Schaut mal, wie wir alle im Spiegel aussehen! Jeder hat von jedem etwas! Elisa hat die roten Haare von Papa, aber die dunklen Augen von Mama. Felix sieht aus wie Mama, hat aber blaue Augen. Nur ich sehe irgendwie anders aus!“ „Oh nein“, sagt Papa. „Du siehst deiner Großmutter sehr ähnlich.“

In den Haarwurzeln befinden sich Zellen, die Farbstoff bil-den. Je mehr Farbstoff, desto dunkler sind die Haare. Weiße Haare enthalten keinen Farbstoff mehr, dafür kleine Luftblasen.

Warum sehen wir uns ähnlich?

Haar-, Haut- und Augenfarbe, Größe, Charaktereigenschaften, ob jemand sportlich ist oder musikalisch – all diese Informationen sind in den Ei- und Samenzellen enthalten. Jedes Kind erbt sowohl Eigenschaften aus der Familie der Mutter als auch aus der des Vaters. Dabei entstehen ganz neue Mischungen. Menschen können sich sehr ähnlich sein, aber sie sind nie gleich!

Haare

Wusstest du, dass du über 3 Millionen Haare am ganzen Körper hast? Nur Lippen, Hand- und Fußflächen sind nicht behaart. Ein Haar lebt nur an seiner Haarwurzel. Der Rest besteht aus toten Zellen. Deshalb tut Haareschneiden nicht weh. Jeden Monat wachsen deine Haare etwa 2 Millimeter.

Glatte Haare wachsen aus einem runden Haarbalg. Wellige Haare kommen aus einem ovalen Haarbalg.

Krause Haare wachsen in Schüben. Ihr Haarbalg ist ganz flach.

Lies mal weiter!

Hast du aufgepasst?

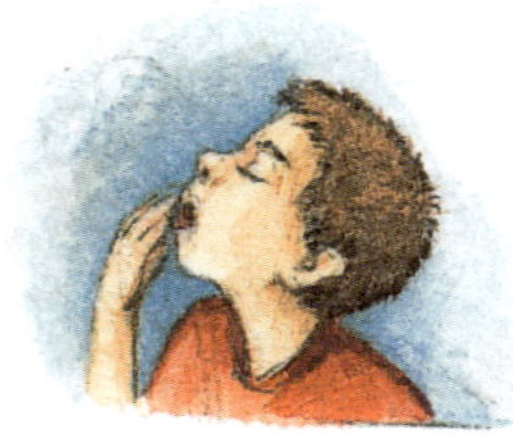

1. Von wo aus wird unser Körper gesteuert?

a) Vom Kopf aus

b) Vom Gehirn aus

c) Vom Herzen aus

2. Wie viele Muskeln braucht man, um zu lächeln?

a) 23

b) 17

c) 11

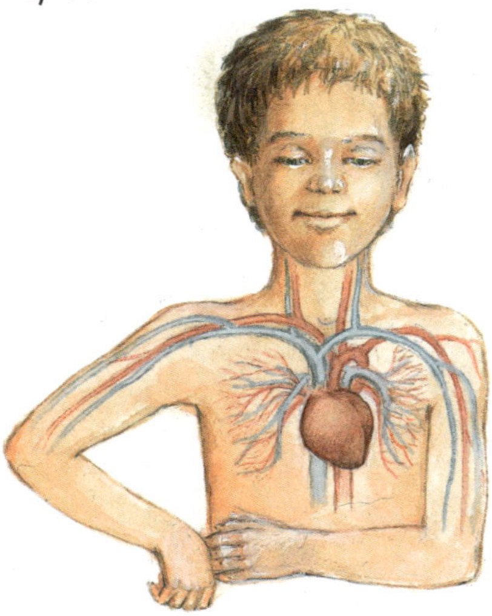

3. Wozu brauchen wir das Blut? Welche Behauptung stimmt hier nicht?

a) Zur Regulierung der Körpertemperatur

b) Zur Versorgung des Körpers mit Sauerstoff und Nährstoffen

c) Zur besseren Verdauung

d) Zur Abwehr von Krankheiten

4. Warum muss man gähnen?

a) Um wieder munter zu werden

b) Damit man besser schlafen kann

c) Um anderen zu zeigen, dass man müde ist

5. Was ist Melanin?

a) Fettzellen der Unterhaut

b) Ein Gewürz aus Südamerika

c) Farbstoff in der Oberhaut

6. Was tun, wenn man eine bittere Medizin schlucken muss?

a) Augen zu, dann sieht man das schreckliche Zeug nicht

b) Nase zuhalten, dann schmeckt man nichts

c) Sich einreden, dass man gerade eine Süßigkeit isst

Wie schützt sich der Körper vor Krankheiten?

In unserem Körper gibt es eine ganze Reihe von Abwehrsystemen, die uns vor Krankheiten, Giften und schädlichen Einflüssen schützen. Im Blut gibt es zum Beispiel die weißen Blutkörperchen, die Krankheitskeime sofort aufspüren und bekämpfen. Eine weitere Abwehreinheit sind die Antikörper. Sie entstehen erst nach einer Krankheit. Wenn du zum Beispiel Masern hattest, dann bildet dein Körper Antikörper gegen diese Krankheit. Das bedeutet, dass dein Körper nun auf den nächsten „Angriff" der Masern vorbereitet ist und die Krankheit nicht mehr bekommt.

Warum müssen wir regelmäßig schlafen?

Im Schlaf erholt sich der Körper von den Anstrengungen des Tages. Schlafen ist wichtig für unsere Gesundheit und unser Wohlbefinden. Während des Schlafs schaltet der Körper auf

Sparflamme. Herzschlag und Atem werden langsamer, die Körpertemperatur sinkt ab und die Muskeln entspannen sich. Gleichzeitig wird aber ein Stoff verstärkt ins Blut abgegeben, der Kinder in der Nacht wachsen lässt und bei Erwachsenen die Zellen erneuert.

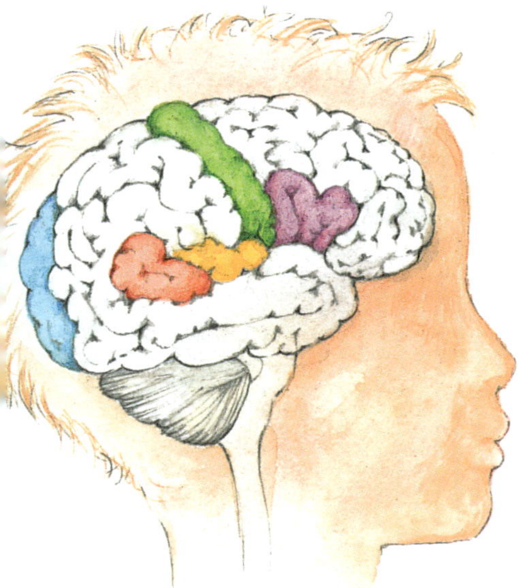

Warum träumen wir?

Während des Schlafes erholt sich auch unser Gehirn. Mit den Träumen verarbeiten wir, was wir tagsüber erlebt haben. Jeder Mensch träumt während des Schlafes, auch wenn er sich am nächsten Morgen nicht mehr daran erinnern kann.

Lösungen:
1b / 2b / 3c / 4a / 5c / 6b

... das Gehirn eines Menschen Milliarden von Nervenzellen enthält?

... ein Mensch genau so viele Knochen hat wie ein Pferd?

... lang andauernde laute Geräusche das Gehör schädigen können? Menschen, die mit Pressluftbohrern arbeiten, können auf Dauer schwerhörig werden.

... du täglich einen Liter Speichel produzierst? Das macht im Laufe eines Lebens etwa 25 000 Liter aus! Eine Kuh produziert täglich sogar 60 Liter Speichel!

... die Oberfläche der Schleimhautfalten des Dünndarms eine Fläche von 10 Quadratmetern ergibt? Das ist 5-mal deine Körperoberfläche.

... dein Herz bei Aufregung und Ärger schneller schlägt als in Ruhe? Auch nach dem Essen schlägt das Herz schneller, weil mehr Blut durch den Körper fließt, um die Nahrung aufzunehmen und dorthin zu bringen, wo sie benötigt wird.

... dein größter Muskel dein Pomuskel ist?

... beim Niesen die Luft mit mehr als 160 Kilometer pro Stunde durch deine Nase saust?

... du als Baby nur knapp einen Liter Blut hattest (das ist eine Milchtüte voll)? Wenn du erwachsen bist, wirst du etwa 5 bis 6 Liter Blut haben.

Auf einer Ritterburg

Du bist mein, ich bin dein:
Dessen sollst du gewiss sein.
Du bist eingeschlossen
In meinem Herzen:
verlorn ist das Schlüsselein:
Du musst auf immer drinnen sein.

aus: Minnesangs Frühling, 12. Jahrhundert

Inhalt

Früher war
Reisen sehr beschwerlich.
Die Wege waren meist
ungepflastert und bei schlechtem Wetter
versanken Reittiere und Wagen im Morast.

Auf dem Weg zur Burg

Über eine Stunde war der Kaufmannszug durch eine Panne aufgehalten worden: Ein Rad war in einem der unzähligen Schlaglöcher hängen geblieben. Jetzt drängte die Zeit, denn die Kaufleute wollten noch vor Sonnenuntergang die herzogliche Hofburg erreichen.

An Pfingsten würde dort ein großes Turnier stattfinden. Auf dem Jahrmarkt wollten die Kaufleute ihre Waren verkaufen.

Lisa, die Tochter eines Kaufmanns, ging neben dem Wagen her. Ihr Herz klopfte vor Aufregung. Bald würde sie zum ersten Mal in einer Burg sein!

Gefährliche Reise

Kaufleute zogen von einer Stadt oder Burg zur anderen, um ihre Waren zu tauschen oder zu verkaufen. Das war oft sehr gefährlich, denn hinter jedem Strauch, in jedem Baum konnten Räuber lauern.

Händlerware

Kaufleute waren sehr beliebt. Sie verkauften Dinge, die das Leben angenehm machten.

Ankunft auf der Burg

Gerade noch rechtzeitig bevor die Zugbrücke hochgezogen wurde, kamen die Kaufleute auf der Burg an. Lisas Vater Gernot lenkte seinen Wagen zu dem größten Haus auf dem äußeren Burghof. Dort wohnte der Burgvogt Walter. Während Gernot den Wagen entlud, nahm Lisa eine Zuckerstange aus dem Gepäck und schlich sich davon. Auf dem Burghof herrschte viel Trubel.

„Hier ist ganz schön was los!“, meinte ein vornehm gekleideter Junge. „Wenn du willst, kann ich dir die Burg zeigen“, fügte er hinzu und blickte sehnsüchtig auf Lisas Zuckerstange. Lisa verstand: Sie gab ihm ihre Zuckerstange und verabredete sich mit ihm für den nächsten Morgen.

Felle

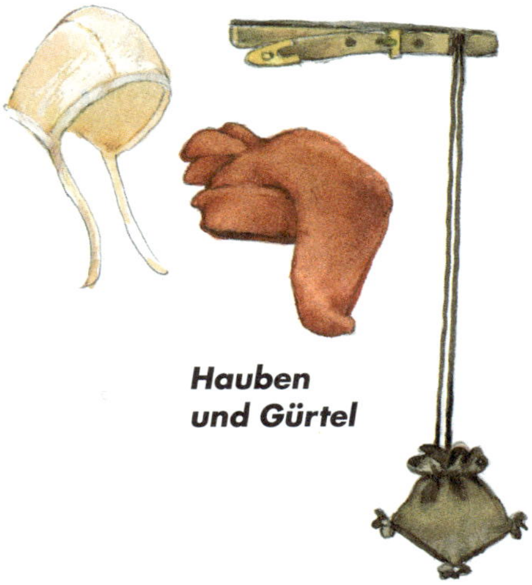

Hauben und Gürtel

① Im Schlafraum stand meist nur ein großes Bett, in dem bis zu sechs Personen schlafen konnten. Die Matratzen waren mit Stroh oder Blättern gepolstert. Mit schweren Vorhängen wurde die Kälte abgehalten.

② Im Rittersaal wurden Feste gefeiert. Zum Essen wurden Holzböcke aufgestellt, auf die man eine Tischplatte legte. Drumherum standen Stühle und Holzbänke.

Die Toilette war meist ein kleiner Anbau an der Außenmauer, hoch über dem Burggraben. Das Klo war ein gemauerter Sitz mit Loch.

Die Burgherrin und ihre Damen saßen gern im Burggarten, arbeiteten dort an Stickereien, lasen in Büchern oder hörten Musikanten zu. Außerdem zog die Herrin dort Gewürz- und Heilkräuter.

Rundgang durch die Hauptburg

Am nächsten Morgen traf Lisa den fremden Jungen vor der Zugbrücke zur Hauptburg. „Ich heiße Richard und bin neun Jahre alt", stellte er sich vor. „Seit zwei Jahren bin ich Page bei Ritter Leonhard von Mellau. Und wie heißt du?" „Das erzähl ich dir, wenn wir drin sind", sagte Lisa. Sie war ziemlich ungeduldig, weil sie unbedingt die Burg von innen sehen wollte.

So lebte man in der Burg

In den Burgen war es die meiste Zeit feucht und kalt. Der Kamin war die einzige Wärmequelle. Damit es nicht durch die Fenster zog, hängte man Felle davor oder verschloss sie mit Ölpapier. Durch die kleinen Fenster drang tagsüber nur wenig Licht. Abends zündete man Fackeln und Öllampen an. Sie brachten nicht viel Helligkeit, dafür umso mehr Ruß und Rauch.

In finsteren Verliesen unter der Burg ließen Raubritter ihre Gefangenen schmachten, bis Lösegeld für sie gezahlt wurde.

Hölzerne Vorbauten schützten die Verteidiger, wenn sie schossen.
Sehschlitze und Schießscharten boten Schutz bei der Verteidigung der Burg.
Burgen haben runde Türme, weil an ihnen die Geschosse besser abprallten.
Sturmleitern
Die Matten aus Weidengeflecht schützten die Angreifer vor den Pfeilen der Verteidiger.
Die Angreifer gruben unterirdische Gänge bis unter die Fundamente der Burg. Diese wurden mit Holzbalken abgestützt. Wenn man dann das Holz in Brand setzte, stürzten die Burgmauern ein.

Wie eine Burg verteidigt wird

Die beiden Kinder standen auf einer Wehrmauer und schauten ins Land. „Diese Burg kann sicher niemand einnehmen“, meinte Lisa.
„Mit Waffen und Belagerungsmaschinen nicht“, sagte Richard, „aber letztes Jahr wäre die Burg beinahe durch Verrat in feindliche Hände geraten.“

In allen Burgen gingen die Wendeltreppen im Uhrzeigersinn hoch. Auf diese Weise war der Waffenarm eines aufwärts stürmenden Angreifers behindert.
Der Verteidiger konnte dagegen bequem von oben auf den Feind einschlagen.

Verteidigung

Burgen waren durch hohe Mauern und tiefe Wassergräben geschützt. Deshalb waren zum Schutz einer Burg oft nur zwei oder drei Ritter und die Dorfbevölkerung nötig, um sie zu verteidigen.

Große Burgen wurden oft monatelang ausgehungert oder durch Verrat eingenommen. Manchmal gelang es den Belagerern, jemanden in der Burg zu bestechen, ein Tor zu öffnen, oder ein Feind drang heimlich in die Burg ein und vergiftete den Brunnen.

Rammbock oder Widder

Ein starker Holzstamm mit einer Eisenspitze wurde in einem Holzgerüst, das man auf Rollen fortbewegte, aufgehängt. Damit versuchte man das Burgtor oder eine Mauer einzurammen. Das Gerüst war mit nassen Fellen bedeckt, um die Angreifer vor brennenden Pfeilen zu schützen.

Katapult

Das Katapult funktionierte wie eine riesige Armbrust. Mit dieser Wurfmaschine wurden Steinbrocken, brennende Fackeln oder sogar Jauche und Aas über die Mauern der Festung geschossen.

Der Burgherr

Der Burgherr war der Herrscher der Burg und des Landes. Er sorgte für den Bau, die Instandhaltung und Verteidigung der Burg und verpachtete die Ländereien an die Bauern. Diese mussten ihm dafür Abgaben zahlen und für ihn arbeiten. Der Burgherr beschützte seine Gefolgsleute, schlichtete Streitigkeiten und sorgte für Ordnung. Wichtige Beschlüsse ließ er auf Pergamentrollen niederschreiben und mit seinem persönlichen Siegel versehen.

Die Burgherrin

Die Burgherrin überwachte die Vorräte und kümmerte sich um die Arbeit der Dienstboten. Ihre Söhne erzog sie, bis sie sieben Jahre alt wurden, dann kamen die Jungen zur weiteren Erziehung an einen anderen Ritterhof. Ihren Töchtern brachte sie Spinnen, Weben, Sticken und sogar Lesen bei. Sie zeigte ihnen, wie man tanzt, sich schön kleidet, frisiert und schmückt.

In der Burgküche

Lisa gefiel es in der Burgküche am besten. Dort roch es nach gebratenem Fleisch, gekochtem Gemüse, feinen Gewürzen und frisch gebackenem Brot. Die Herzogin brachte dem Koch selbst gepflückte Kräuter und gab die letzten Anweisungen für das Abendessen. Der Bäcker holte gerade frisches Gebäck aus dem Ofen. Er sah die hungrigen Blicke der Kinder und steckte ihnen ein Stück Honigkuchen zu. „Richard, du sollst sofort zu deinem Herrn kommen", rief jemand. Der Junge hatte es plötzlich sehr eilig. „Wir sehen uns heute Abend beim Essen", sagte er. Dann war er auch schon weg.

Das brauchte man alles für ein großes Fest:

252 Schafe
242 Lämmer und Kitze
69 Rinder
58 Schweine
357 Schweineschultern
12 Gänse
185 Hühner
8960 Eier
2995 Laib Käse
35 Schüsseln mit Fett
55 560 Laib Brot
2 Zentner Pfeffer
15 Zentner Reis
10 Zentner Mandeln
4 Zentner Rosinen
3000 Datteln
17 Zentner Feigen
Sackweise Gewürze:
Safran, Ingwer, Muskat,
Nelken und Zimt
20 000 Liter Wein

Das war die Einkaufsliste für die Hochzeit des Heinrich von Kärnten mit Adelheid von Braunschweig im Jahre 1315. Die Hochzeitsgesellschaft bestand aus 1000 Gästen.

Zur Hofgesellschaft zählten der Arzt, Architekten, Erzieher, Notare, Schreiber und die Priester. Ferner waren im Gefolge der Truchsess oder Burgvogt (verantwortlich für die Verwaltung des Hofes und der Küche), der Kämmerer (zuständig für Finanzen, Wohnung, Kleidung, Feste), der Marschall (Leitung der Bewaffneten) und der Schenk (zuständig für Getränke).

Lisas Vater war ein angesehener Kaufmann und Freund des Burgvogts Walter. Deshalb waren er und seine Familie zum Essen geladen. Sie mussten am unteren Ende der Tafel sitzen, weil sie nicht zur höfischen Gesellschaft gehörten.

Das Rittermahl

Das festliche Mahl hatte begonnen. Musikanten, Sänger und Gaukler unterhielten die Gäste. Herzog Heinrich und seine Frau saßen am oberen Tischende. Auch Lisa und ihre Familie waren eingeladen. Richard hatte die Aufgabe, die Gäste zu bedienen. Es gab so viel zu essen, dass Lisa gar nicht von allen Gerichten probieren konnte, so satt war sie.

Pagenzeit: 7 – 12 Jahre

Mit etwa sieben Jahren kam der Sohn eines Burgherren zu einem anderen Ritter in die Lehre. Dort wurden ihm höfische Sitten beigebracht.
Er musste seinen Herrn bei Tisch bedienen, ihm beim Ankleiden helfen, lernte Umgangsformen, Tanzen, Schach spielen und Musizieren.

Wappen, der Ausweis des Ritters

Im Kampfgetümmel sahen alle Ritter gleich aus. Niemand wusste, wer Freund oder Feind war. Deshalb gaben sich die Kämpfenden durch laute Schlachtrufe oder Abzeichen an ihren Rüstungen zu erkennen.

Jede Familie hatte ihre eigenen Wahlsprüche und Wappen. Im Kampf kam es darauf an, auf Anhieb das Abzeichen eines anderen Ritters zu erkennen.

Fürsten und Könige nahmen Herolde mit in den Kampf. Diese kannten alle Wappen und sagten ihrem Herrn, mit wem sie es zu tun hatten.

Die Herolde legten Wappenbücher an, in denen alle bekannten Wappen aufgemalt waren.

Für die Wappen wurden Farben verwendet, die jeweils eine besondere Bedeutung hatten.
Die häufigsten Wappenfiguren waren Gestirne (Sonne, Mond, Sterne), Pflanzen (Lilie, Rose, Blätter, Blüten, Früchte), Türme, Werkzeuge (Anker, Axt), Tiere (Adler, Löwe, Leopard) und das Kreuz.

Knappenzeit: 12 – 18 Jahre

Ein Knappe war der ständige Begleiter eines Ritters. Vor Kämpfen und Turnieren half er seinem Herrn in die Rüstung, versorgte seine Pferde, putzte Rüstungen und Waffen und sorgte für sein leibliches Wohl. An großen Höfen gab es Zuchtmeister, die die Knappen täglich viele Stunden lang Kampfübungen mit Pfeil und Bogen, dem Schwert und der Lanze machen ließen.

Ritterleben

Schon beim ersten Morgengrauen musste Richard zu Ritter Leonhard kommen. Leonhard schlürfte warmen, gewürzten Wein und erzählte seinem Pagen von den Aufgaben und Pflichten eines Ritters. „Die wichtigsten Tugenden sind Weisheit, Gerechtigkeit, Mäßigung und Tapferkeit. Ein Ritter muss Witwen und Waisen beschützen und die Damen ehren. Außerdem soll er kein Fresser, kein Säufer, kein Lügner und kein Geizhals sein. Er soll weder gewalttätig sein noch einen schlechten Lebenswandel führen. Dann führt er ein gottgefälliges Leben, das ihm Ruhm und Ehre einbringen wird.“

Ritterschlag

Vor dem Ritterschlag musste der Knappe eine ganze Nacht lang in der Burgkapelle beten. Am nächsten Morgen ging er in die Messe, wo sein Schwert geweiht wurde. Danach erteilte ihm sein Pate durch einen symbolischen Schlag auf die Schulter die „Schwertleite“.
Jetzt war aus dem Knappen ein Ritter geworden, und er musste den Regeln des Ritterstandes gehorchen.

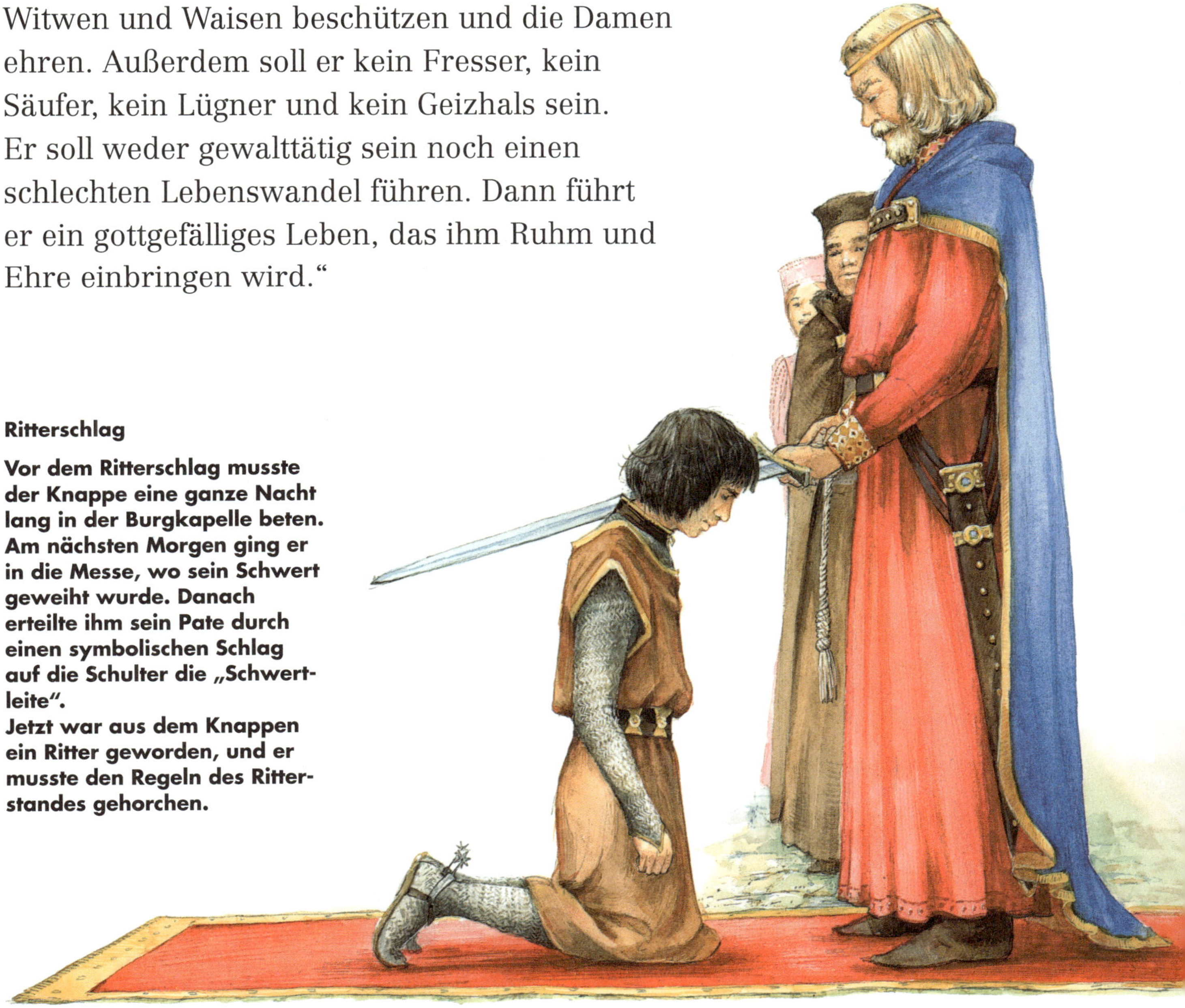

Helm
Schwebscheibe zum Schutz der Achselhöhle
Halskoller
Armzeug mit Federzapfen
Brust- und Rückenpanzer
Handschuhe, mit Leder gefüttert
Sporen
Brust- und Rückenpanzer
Beinröhre
Kniekachel
Diechling
Eisenschuh
200 Jahre später hätte Ritter Leonhard über 2 Stunden zum Anlegen seiner Rüstung gebraucht. Zu diesem Zeitpunkt bestand sie nämlich aus beinahe 150 Teilen.

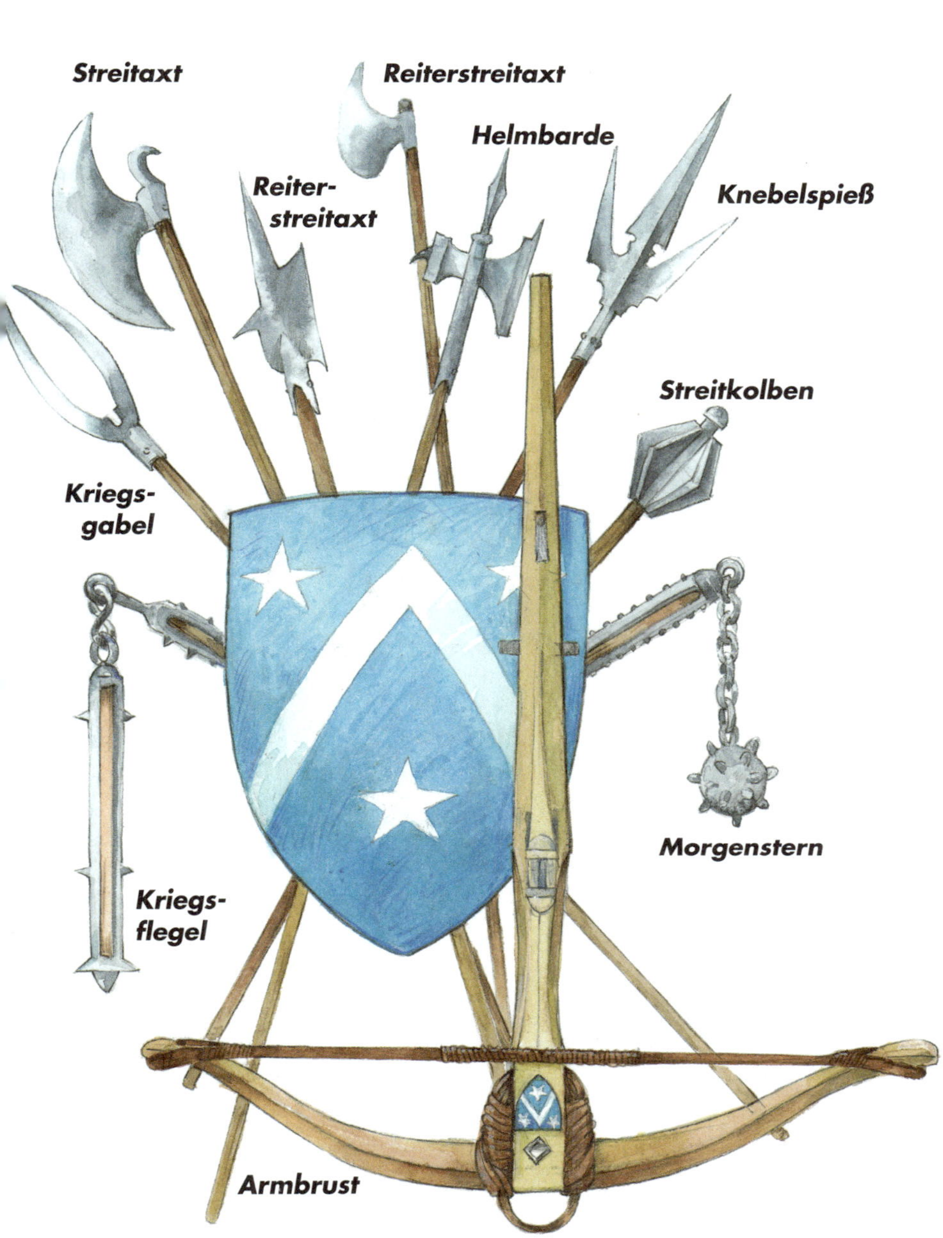

Ein Ritter zieht sich an

Heute war das große Turnier! Es dauerte fast eine Stunde, bis Ritter Leonhard angezogen war. Richard und der Knappe streiften ihm wollenes Unterzeug, Kettenhemd, Kapuze, Eisenhosen und Waffenrock über.

In einer Plattenrüstung konnte sich ein Ritter kaum noch bewegen und musste mithilfe eines Krans aufs Pferd gehoben werden.

Die Entwicklung der Ritterrüstungen

Die ersten Rüstungen bestanden aus dicken, hart gekochten Lederteilen. In der Antike wurden sie mit Eisenteilen verstärkt. Das waren die so genannten Ring- oder Schuppenpanzer.

Im Hochmittelalter trugen die Kämpfer eine Brünne. Das war ein knielanges Kettenhemd mit angearbeiteter Kapuze. Auf dem Kopf hatte man eine Art Eisentopf mit Nasenschutz.

Im 13. Jahrhundert entstanden die ersten Plattenharnische. Das waren Kettenhemden und -hosen mit aufgenähten Metallteilen. Der Topfhelm war bis auf einen kleinen Sehschlitz geschlossen.

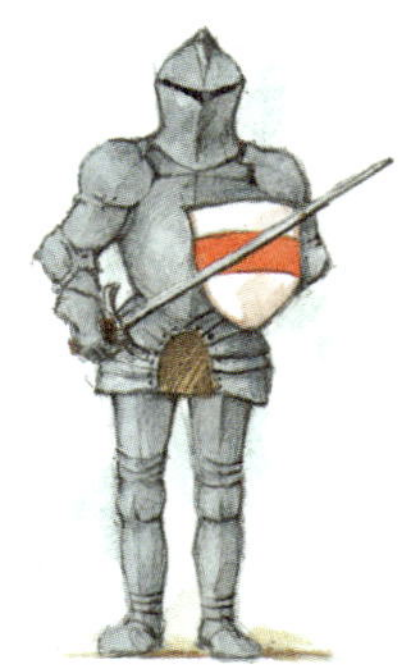

Im 15. Jahrhundert trugen die Ritter den „klassischen" Plattenharnisch. Er wog zwischen 35 und 50 kg. Die Helme gingen über Kinn und Nacken und saßen auf den Schultern auf. Ein bewegliches Visier verbesserte die Sicht.

Musikanten gab es auf jedem Fest. Sie spielten meist auf selbst gebauten Instrumenten: Harfe, Laute, Fiedel, Pauke, Flöte, Tröte und die tragbare Orgel.

Vor dem Turnier

Vor der Burg standen bunte Zelte, in denen sich die Ritter auf den Kampf vorbereiteten. Dazwischen verkauften Kaufleute und Bauchladenverkäufer ihre Waren, zogen Barbiere Zähne, spielten Musikanten und Gaukler, drehten sich Tänzerinnen im Kreise. Überall roch es verlockend nach frisch gebackenen Brezeln und heißen Würstchen. Endlich kamen auch Richard und Ritter Leonhard aus einem der Zelte. Lisa staunte, wie prächtig die beiden gekleidet waren.

Die erste Imbissbude wurde im 11. Jahrhundert in Regensburg eröffnet. Dort konnten die Arbeiter, die die Steinerne Brücke bauten, ihr Mittagessen holen. Es gab heiße Würstchen und Suppe.

Was stand bei einem Turnier auf dem Spiel?

Wer ein Turnier gewann, war ein reicher Mann. Der Besiegte musste seine Rüstung und sein Pferd abgeben. Oft wurden dazu hohe Lösegelder verlangt. So kam es vor, dass ein Verlierer für den Rest seiner Tage verschuldet war.

Buhurt

In diesem Gruppenkampf standen sich zwei Parteien in Pfeilwurfweite gegenüber und ritten mit ihren meist stumpfen Lanzen aufeinander los. Sie kämpften solange, bis eine Partei die andere besiegt hatte.

Turniere und ihre Regeln

Turniere waren Wettkämpfe nach festen Regeln. Es ging um den Sieg und nicht darum, den Gegner zu verletzen.

Tjost

Das war ein mit der Lanze geführter Zweikampf zu Pferde. Wurde ein Gegner abgeworfen und konnte noch kämpfen, so ging der Kampf mit dem Schwert weiter, bis einer aufgab.

Das Turnier

Endlich hatte das Turnier begonnen. Als Startzeichen für jede neue Runde ließ die Herzogin ihr Tuch fallen. Leonhard hatte bereits drei Gegner aus dem Sattel gehoben. Jetzt kämpfte er gegen den Schwarzen Ritter, der noch nie einen Kampf verloren hatte.
Lisa und Richard hielten den Atem an.
Doch der Schwarze Ritter fiel in den Sand.
Richard war stolz und Lisa sagte: „Eines Tages werde ich wieder hier stehen und dann wirst du der Ritter sein, der das Turnier gewonnen hat!“

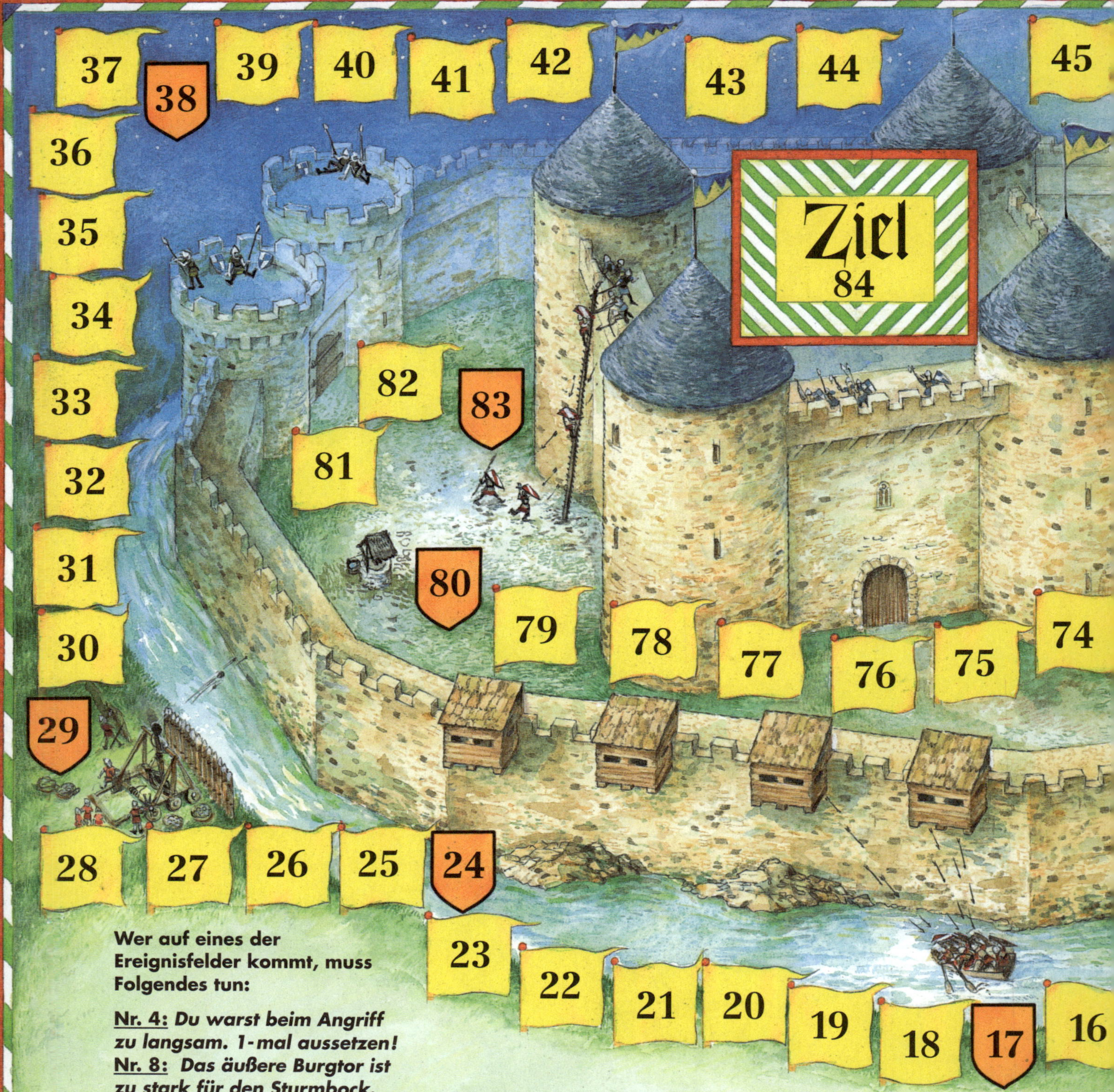

Wer auf eines der Ereignisfelder kommt, muss Folgendes tun:

***Nr. 4:** Du warst beim Angriff zu langsam. 1-mal aussetzen!*
***Nr. 8:** Das äußere Burgtor ist zu stark für den Sturmbock. 3 Felder zurück!*
***Nr. 11:** Du hast nicht aufgepasst! Ein Soldat hat dir von oben durch die Pechnase eine Ladung Wasser verpasst. Du musst dich umziehen! Zurück zum Start!*
***Nr. 17:** Beim Überqueren des Wassergrabens ist dein Boot von Steingeschossen getroffen worden. 3 Felder zurück und 1-mal aussetzen!*
***Nr. 24:** Du hast ausgekundschaftet, wie man in die Burg hineinkommt. Du darfst 3 Felder vorrücken.*
***Nr. 29:** Mit dem Katapult danebengeschossen! 3 Felder zurück!*
***Nr. 38:** Glück gehabt! Die Turmwächter schlafen. Dir gelingt es unbemerkt in die Vorburg zu kommen. Vorrücken bis auf Feld 69!*
***Nr. 48:** Du hast bei einem Angriff Mut bewiesen. Deshalb darfst du beim Stürmen dabei sein. Vorrücken bis auf Feld 64.*
***Nr. 55:** Die Untertunnelung ist geglückt! Vorrücken bis auf Feld 69.*
***Nr. 60:** Leider bist du beim Grabenauffüllen von einem Pfeil leicht verletzt worden. Zurück auf Feld 44.*

Wer erobert die Burg? –

Ein Belagerungsspiel

Spielanleitung:

Spiel für 2 bis 4 Mitspieler. Ihr braucht einen Würfel und für jeden Mitspieler eine Spielfigur. Ihr seid Ritter und belagert die Burg. Ziel ist es, durch Würfeln als Erster die Hauptburg zu erreichen und damit der neue Burgherr zu werden. Gewonnen hat, wer mit der genauen Augenzahl das Zielfeld erreicht. Doch Vorsicht! Überall lauern Gefahren!

***Nr. 65:** Nur ein Sprung ins Wasser hat dich gerettet! 1-mal aussetzen.*

***Nr. 73:** Du bist im Zweikampf von einem Ritter geschlagen worden. Er nimmt dich gefangen und fordert Lösegeld. Leider scheidest du aus!*

***Nr. 80:** Dir ist es gelungen, den Brunnen zu vergiften. Du darfst noch mal würfeln!*

***Nr. 83:** Du bist kurz vor dem Ziel! Wenn du eine 1 oder 4 würfelst, hast du gewonnen!*

Honigkuchen aus der Burgküche

Diesen Kuchen haben Richard und Lisa vom Hofbäcker in der Burgküche bekommen.

Anleitung:
Alle Zutaten werden miteinander vermischt und zu einem Teig verarbeitet.
Den Teig 2 Stunden an einen kühlen Ort stellen.
Danach wird der Teig etwa fingerdick auf einem eingefetteten Backblech ausgerollt und bei 200° C etwa eine halbe Stunde gebacken.
Den Kuchen aus dem Backofen nehmen, mit Zuckerguss bestreichen und dann in rautenförmige Stücke schneiden.

Lies mal weiter!

Wusstest du, dass ...

... ein kampfbereiter Ritter reich sein musste? Er brauchte mindestens drei Pferde: ein Last-, ein Marsch- und ein Streitross. Jedes einzelne Pferd war so viel wert wie 45 Kühe! Das Kettenpanzerhemd kostete 20 bis 100 Ochsen. Dazu kamen noch Schild, Schwert und Speere.

... ein Kreuzritter ins Heilige Land (heute Israel) zog, um Jerusalem zu erobern? Als Zeichen dafür, dass er im Auftrag der Kirche kämpfte, trug er ein Kreuz auf seinem Waffenrock.

... dass die Kinder in einer Burg viele Spiele spielten, die wir heute noch kennen? Dazu gehörten Blindekuh, Himmel und Hölle, Bockspringen oder Stelzenlaufen.

... dass Zugbrücken ziemlich viel Platz brauchen?
Sie bestanden meist aus Bretterböden, die über dem Burggraben lagen und von innen mit zwei großen Ketten über eine Achse aus Holz hochgezogen werden konnten.
Dahinter wurde ein schweres Holz- oder Eisengitter heruntergelassen, das Fallgatter.
So war der Eingang der Burg gleich zweifach gesichert

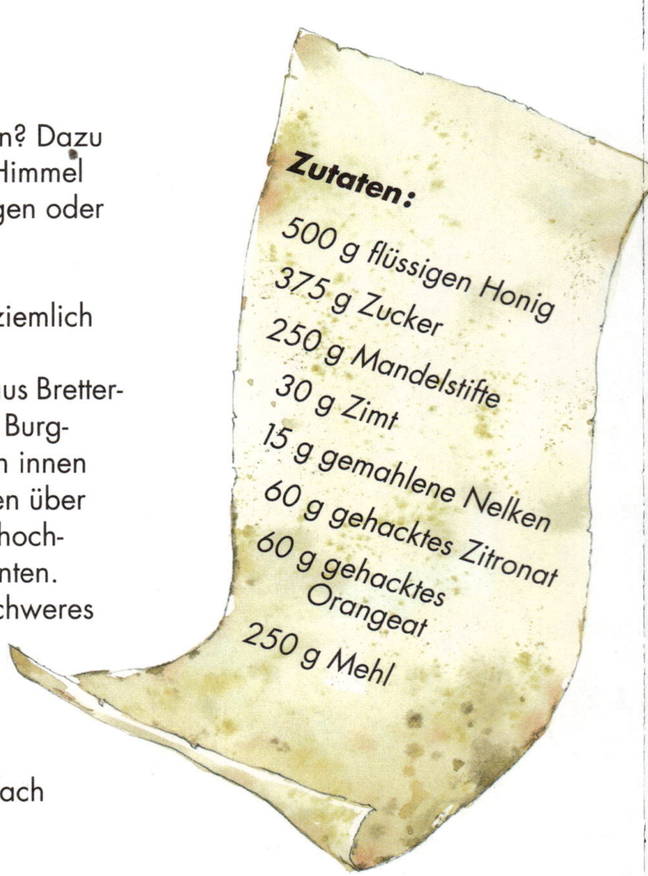

Quiz: Weißt du's noch?

1. Wie viel wiegt der „Plattenharnisch", die klassische Ritterrüstung aus dem 15. Jahrhundert?

a) 20 kg

b) 13 kg

c) 35 kg

2. Warum gehen Wendeltreppen in einer Burg immer im Uhrzeigersinn hinauf?

a) Weil sie so besser von oben verteidigt werden konnten.

b) Weil es einem nicht so schwindlig wird, wenn man im Uhrzeigersinn die Treppen hochgeht.

c) Weil man so eine bessere Aussicht auf das Land hatte und Feinde schneller herannahen sah.

3. Wie alt war ein Knappe, bevor er den Ritterschlag erhielt?

a) 14 Jahre

b) 18 Jahre

c) 16 Jahre

4. Wo gab es die erste Imbissbude?

a) in Regensburg

b) in Salzburg

c) in Prag

Auflösung:
1c / 2a / 3b / 4a / 5b

5. Was ist ein Katapult?

a) ein Sprungbrett

b) ein Wurfgeschoss

c) ein Schreibtisch für den Burgherrn

Redewendungen aus der Ritterzeit

Viele Begriffe, die wir heute noch kennen, stammen von den ritterlichen Turnieren. So ein Turnier war auch ein Volksfest und bald schon übernahmen auch die einfachen Menschen Begriffe aus der Turniersprache:

Ins Schwarze treffen
(wenn einer mit der Lanze ins Ziel traf)

Jemanden in Harnisch bringen
(wenn man ihn wütend macht und zum Kampf herausfordert)

Für jemanden eine Lanze brechen
(man kämpft für jemanden)

Jemanden in die Schranken weisen
(in die Schranken auf dem Turnierplatz)

Jemanden aus dem Sattel heben
(kampfunfähig machen)

Jemandem unter die Arme greifen
(wenn er beim Kampf vom Pferd gefallen ist und selbst nicht mehr aufstehen kann)

Jemanden im Stich lassen
(den Verlierer sitzen lassen)

Sich aus dem Staub machen
(dem Staub des Turnierplatzes)

Den Spieß umdrehen
(den Gegenangriff starten)

Worterklärungen

Armbrust:
Eine Handwaffe, die aus einem Schaft und einem Bogen besteht. Der Bogen wird mit Hebelkraft gespannt. Mit der Armbrust wurden Bolzen abgeschossen.

Bergfried:
Der Hauptturm der Burg.

Brustwehr:
Schmale Mauer auf dem Wehrgang. Auf der Brustwehr sind die Zinnen aufgemauert.

Buhurt:
Gruppenkampf im Turnier.

Fallgatter:
Holzgitter zwischen den Türmen des Torhauses. Es konnte hochgezogen und heruntergelassen werden.

Katapult:
Wurfmaschine, mit der Steine, brennende Fackeln und manchmal sogar Bienenschwärme über die Mauern einer Festung geschleudert wurden.

Knappe:
Junger Mann, der zum Ritter ausgebildet wird.

Page:
Junge in der ersten Zeit seiner Ausbildung zum Ritter.

Pechnase:
Ein kleiner, unten offener Ausbau an den oberen Stockwerken mittelalterlicher Befestigungen. Von dort goss man siedendes Pech oder andere heiße Flüssigkeiten auf die Angreifer hinab.

Ritter:
Früher waren Ritter schwer bewaffnete Reiter im Dienste des Königs oder eines hohen Adligen. Später war es ein eigener Stand innerhalb des Adels. Durch den Ritterschlag oder die Schwertleite wurde man in den Ritterstand erhoben. Wer sich unehrenhaft verhielt, verlor seine Ritterwürde.

Sturmleitern:
Leitern, die beim Bestürmen einer Festung an die Festungsmauern gelehnt wurden.

Schwertleite:
Die feierliche Ernennung eines Knappen zum Ritter.

Wehrgang:
Umgang auf der Mauerkrone einer Festung. Der Wehrgang wurde durch eine Brüstung und durch Zinnen geschützt.

Zinne:
Pfeilerartiger Aufbau auf der Brüstung einer Wehrmauer. Dazwischen ließ man Zwischenräume zum Schießen frei.

Zugbrücke:
Brücke vor mittelalterlichen Burgen. Sie führte meist über breite Gräben und konnte im Falle eines Angriffs hochgezogen werden.